茸鹿
提质增效养殖技术

RONGLU TIZHI ZENGXIAO YANGZHI JISHU

赵全民　赵海平　主编

中国科学技术出版社
·北　京·

图书在版编目（CIP）数据

茸鹿提质增效养殖技术 / 赵全民，赵海平主编 . —北京：中国科学技术出版社，2019.12

ISBN 978-7-5046-8348-9

Ⅰ. ①茸… Ⅱ. ①赵… ②赵… Ⅲ. ①鹿—饲养管理

Ⅳ. ① S865.4

中国版本图书馆 CIP 数据核字（2019）第 178559 号

策划编辑		乌日娜
责任编辑		乌日娜
装帧设计		中文天地
责任校对		焦　宁
责任印制		徐　飞

出　　版		中国科学技术出版社
发　　行		中国科学技术出版社有限公司发行部
地　　址		北京市海淀区中关村南大街16号
邮　　编		100081
发行电话		010-62173865
传　　真		010-62173081
网　　址		http://www.cspbooks.com.cn

开　　本		889mm×1194mm　1/32
字　　数		180千字
印　　张		7.5
版　　次		2019年12月第1版
印　　次		2019年12月第1次印刷
印　　刷		北京长宁印刷有限公司
书　　号		ISBN 978-7-5046-8348-9 / S·754
定　　价		29.80元

（凡购买本社图书，如有缺页、倒页、脱页者，本社发行部负责调换）

编辑委员会

主　编

赵全民　赵海平

副主编

赵伟刚　徐　超　谭广元

符　军　叶金堂　徐国范

李庆杰

参编人员

李久波　孟晋武　韩志强　何贵祥

程明扬　陈新源　杜　君　王玉俗

李晨光　王　琦　姚梦杰　齐晓研

顾士钢　李梦杰

P*reface* **前言**

　　随着我国经济发展的加快，农业发展落后、农民增收缓慢已成为经济发展的主要问题，增加农民收入、提高农业经济实力、实行农业结构调整、建立新型农业经营体系已成为利用经济先行带动三农问题渐次解决的稳健策略。农业结构调整除进行种植业内的品种、数量调整外，还包括种植业同养殖业间的结构调整，应加大优势养殖业在农业中所占的比例，改变单一的种植业农业经济为种植业和养殖业相结合的综合经济，从而改变传统农业成为新型现代农业，提高农业抵抗市场风险的能力。

　　鹿属于哺乳动物，分为数十个品种，世界上很多地区都有分布。我国就有梅花鹿、马鹿、驯鹿、水鹿、坡鹿和白唇鹿等多个品种。鹿不仅具有观赏价值，还可提供鹿茸、鹿肉、鹿血、鹿皮及鹿骨等多种经济价值较高的药（食）材，并具有生物基础研究及开发价值。随着人类社会发展，可供野生鹿栖息的自然环境越来越少，我国境内野生鹿资源已濒临灭绝，属国家一、二类保护动物。为了保护珍贵的野生鹿资源，同时满足人们对鹿产品的需求，人们进行了人工养鹿技术探索，人工养鹿业得到了迅速发展。

　　我国人工养殖的鹿品种主要有梅花鹿和马鹿，从北到南都有分布，但以吉林、辽宁、黑龙江、新疆等省、自治区养殖量大，养殖水平也较高。但随着养殖规模的扩大和市场波动的影响，品种、成本、加工和疾病等影响养殖效益的因素渐渐显现，这就要求从业者不断提高饲养管理技术和加工技术水平，以提高抗风险能力，保证鹿产业健康发展。为普及和推广茸鹿养殖新技术，我们精心编写了《茸鹿提质增效养殖技术》一书，希望对三农的发展尽一点绵薄之力。

本书收集了国内外养鹿新技术、新方法，重点介绍了茸鹿高效生产技术与具体措施，对鹿的品种引进、繁殖育种、营养调控、建场规划、产品加工利用及疾病防治等内容做了较为系统的叙述。本书理论联系实际，图文并茂，通俗易懂，实用性强，可供茸鹿养殖场、专业养殖户的技术和管理人员参考，也可帮助新手入门，老手精进技术，还可作为产业研究人员有益的参考资料。

本书内容包括了笔者和同事多年的研究成果，参考了国内外大量相关资料，引用了同行的精美图片，在此一并表示诚挚的谢意。由于笔者学识水平和实践经验有限，书中错误和欠妥之处在所难免，恳请读者批评指正，以便今后修正，使之更加完善。

编著者

Contents 目 录

第一章
鹿产品及鹿业发展

鹿是反刍哺乳动物，是现存仅有的可再生茸的动物科系。属偶蹄目，有角亚目，鹿科，在世界上有 40 多种，其中我国约有 15 种。自古以来鹿一直被视作长寿、美丽、友好和尊贵的象征，相传南极仙翁——老寿星就选择了鹿当他的坐骑。中国自商周时代就开始养鹿，历代相传，历史久远，是目前继家畜（猪、马、牛、羊等）后驯化程度最高的经济动物。鹿在我国由于沿袭古代传统，其主要经济价值在于特殊药用及保健产品鹿茸。鹿茸被称为东北三宝之一，早在明朝的《本草纲目》中就记载了"鹿茸能生精补髓，养血益阳，强精健骨，益气强志"的作用。现代科学研究进一步证明，鹿茸具有调节机体新陈代谢，促进各种生理活动的功能，药理作用非常广泛。鹿的其他产品如肉、血、鞭、胎、皮及心、肾、肝等内脏都有很好的食用、药用、保健及生产价值，其中鹿肉以其高蛋白质、低脂肪、低胆固醇及其独特风味等特点深受人们喜爱，特别在欧美市场享有盛名。

养鹿业属于高效益型产业，其资源消耗小于其他动物，养鹿业比传统的畜牧业或其他土地使用形式更具有经济学意义。鹿为食性较广的草食动物，饲养成本低，经济价值很高，在当前农村产业结构调整中处于优先发展的地位。

一、鹿产品及其应用

　　梅花鹿全身都是宝，可食用、药用的部位多达 28 个。鹿产品富含多种氨基酸和特殊活性物质，在医学和食品上都具有很高的使用价值。我国利用梅花鹿作食品和药品有悠久的历史。近年来，对鹿各个部位化学成分及药理作用方面的研究越来越深入，产品加工技术也在不断更新进步，而现今人们对生活质量的追求，更加注重健康和长寿。综合以上各种原因，近年来鹿产品的研究开发和应用越来越重要，市场前景十分广阔。

（一）鹿茸的采收与初加工

　　1. 采收　鹿茸的采收通常分为锯茸和砍茸。

　　（1）锯茸　通常在雄鹿生长至 1 周岁时即可锯毛桃茸（第一次生成的鹿茸）；一般认为，2 周岁开始锯茸，称为"头锯"，每年可采收 1 次或 2 次。每年采收 2 次时，第一次采收称头茬茸：在角盘脱落后的 45 天左右，为二杠茸；在角盘脱落后的 65～75 天为三杈茸。鹿茸骨化前，采收第二次，称二茬茸。采收时，将鹿麻醉，结扎锯口下部约 5 厘米处，再快速锯下鹿茸，随后用七厘散或王真散消毒伤口（图 1-1，图 1-2，图 1-3）。

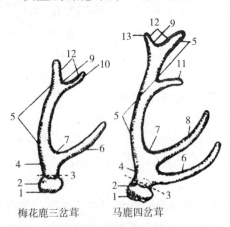

图 1-1　鹿茸的外部形态

1. 角基（草桩）　2. 鹿花盘　3. 锯口　4. 茸根
5. 主干　6. 眉枝（门桩）　7. 扈口　8. 第二门桩
（冰枝）　9. 小虎口　10. 第二侧枝　11. 第三侧枝
（中枝）　12. 嘴头　13. 主干茸头

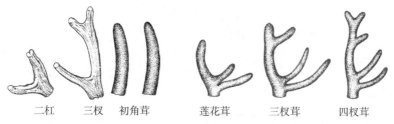

二杠　　三杈　　初角茸　　　　莲花茸　　　三杈茸　　四杈茸

图 1-2　梅花鹿锯茸　　　　　　　图 1-3　马鹿锯茸

（2）砍茸　此方法现今较少使用，适合 6～10 年的老鹿、病鹿或死鹿，一般 6 至 7 月份采收。采收方法为：杀鹿，将鹿茸连同脑盖骨一起锯下，剔除残肉和筋膜，开水煮 6～8 小时，对脑皮和脑骨进行阴干处理（图 1-4）。

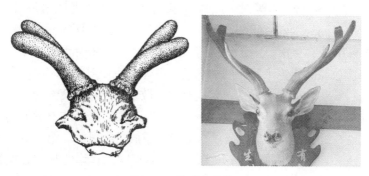

图 1-4　梅花鹿砍茸

鹿茸采收前要做好准备，细心观察鹿茸生长状况，掌握好收茸时机，准备齐全收茸设备，对相关人员进行整个流程和技术培训。收茸后，对鹿锯口及时妥当处理，以保证鹿伤口较快恢复，减轻对鹿的损伤。

2. 加工　鹿茸的加工，分排血加工和带血加工。

（1）排血加工

①排血　取茸后，采用真空泵抽出法、注气加压法、注水加

压法或离心法排出茸血。将鹿茸浸泡在温水中，锯口处勿进水，清洗茸皮上的污物。洗刷过程中，用手指沿血管由上向下挤压，可排出部分血液。

②煮炸、烘烤与风干 首先将鹿茸于沸水中烫15～20秒，锯口外露。然后从沸水中取出并进行检查，如发现茸皮有损伤，需要在损伤处涂抹鸡蛋清面以保护茸皮表面，防止在煮炸中破裂。然后开始第一遍煮炸。煮炸过程中，下放茸体至茸根做划圆运动或推拿往复运动，锯口不得浸入水中。当从锯口排出血液时，以长针挑开锯口周围的茸皮血管，拔出血栓，并由锯口向茸髓部深刺几针，再用温水冲洗锯口以利排血。煮炸需多次反复进行，煮炸次数和时间根据鹿茸的大小、老嫩和抗水能力的不同做决定。二杠锯茸第一遍煮炸的下水次数为8～10次，每次下水25～50秒（水煮时间以50克鲜茸煮2秒为参考依据），每次放凉时间为水煮时间的2倍；三杈锯茸第1遍煮炸的下水次数为7～10次，每次下水煮炸时间30～50秒（每50克鲜茸煮1秒），每次放凉时间为水煮时间的2倍。煮炸至鹿茸锯口出现粉红色血沫，茸头变得富有弹性，茸皮矗立，散发出熟鸡蛋黄气味时，结束第一遍煮炸。将鹿茸擦干冷凉，然后放入70～75℃烘箱内烘烤2～3小时，最后取出放在干燥处平放进行风干。第二遍（第二天）煮炸操作流程与办法跟第一遍相同，煮炸的时间和次数要较第一遍的减少10%～15%；煮炸的效果以茸尖有弹性为准，之后捞出擦干放凉，烘烤、风干。第三遍（第三天）煮炸全茸要有一半以上入水，与第二遍的煮炸时间和下水次数相比略减少，煮炸的效果仍是以茸尖有弹性为准，之后捞出晾干烘烤。第四次（第四天）煮炸全茸的1/3～1/2入水，除煮炸时间和下水次数较第三遍略减少外，其余过程与第三遍相同。

③煮头 煮炸风干后的鹿茸需要适当地进行煮头和烘烤。最初5～6天每隔1天煮1次茸头，烘烤20～30分钟，自然风干。以后可根据茸的干燥程度以及气候变化情况不定期地煮头与烘

烤，避免空头与瘪头。鹿茸每次水煮和烘烤后都应送入风干室脱水风干。每天对风干的鹿茸检查1遍，对茸皮发黏、茸头变软的鹿茸及时煮炸和烘烤。特别是在空气湿度大时，更应注意增加煮炸或烘烤次数，防止糟皮。风干室必须通风干燥，阴雨天及时关好门窗，随时扑灭苍蝇和昆虫。

（2）带血加工

①封锯口、清洗 鹿茸锯下后，为避免茸血流失，锯口要向上立放，并要在锯口上撒一层面粉，之后再用热烙铁烧烫锯口，使锯口封闭。用温水洗净茸体，对有外伤的部位要涂干面或鸡蛋清面，有的还要用寸带绑扎。

②煮炸、烘烤、风干 将茸体1次全部浸入水中（锯口外露），快速摇动，片刻拿出；经过反复几次下水，锯口冒出稀薄血液时，即可停止煮炸。在锯口处撒干面，防止茸血再度流出。擦干、冷凉后，放入65～70℃的烘箱中烘烤。对骨质化程度大的老茸和细小的茸，烘烤时间稍短；疏松肥嫩的大茸，烘烤时间稍长。一般茸烘烤2～3小时取出，擦去茸表污垢，风干1～2小时，再放入65～70℃的烘箱烘烤2～3小时，取出风干。第2、3、4、5天，每天按第一天烘烤方法烘烤1次，到八分干时可不定期地进行煮头和烘烤，直到茸的顶头饱满为止。用温肥皂水擦洗去茸皮上的油垢（锯口不要沾水），风干。

（二）其他副产品采收加工

1. 鹿盘

（1）**采收** 每年收割鹿茸时，留在角基上的鹿盘在第二年春天自然脱落，捡拾即得。

（2）**加工** 用水浸泡，刷去泥土及残污，晒干或烘干，或将鹿盘粉碎或挫或研成粉末称为鹿盘粉。

2. 鹿角

（1）**采收** 鹿角分为砍角和退角两种。

①砍角　将鹿宰杀后，连脑盖骨砍下，除去残肉，洗净风干。

②退角　又称解角、掉角、脱角，是梅花鹿自然脱落的角，多在 3 至 4 月份采收（图 1-5）。

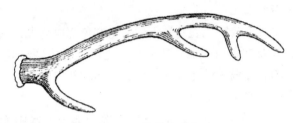

图 1-5　梅花鹿鹿角

（2）加工　采收后可制成鹿角片，也可研成鹿角粉。

3. 鹿角胶　取鹿角、鹿盘刷净表面。锯成长 6～10 厘米小段，纵向劈成条状。置水中浸泡，每日搅拌并换水 1～2 次，漂至水清，取出。置锅中煎取胶液，反复煎至胶质尽出，滤过合并，静置，滤取清胶液。用文火浓缩（或加适量食用油、冰糖、黄酒）至稠膏状，倾于凝胶槽内，待其自然冷凝，取出，分切成小块，阴干。每块重约 7.5 克。剩余的灰白色骨渣即为鹿角霜。

在鹿角胶熬制过程中，最好选用蒸馏水，或者含矿物质少的水。粉碎的块越小，熬制的速度越快，出胶也越多。

4. 鹿角霜

（1）**鹿角霜炮制方法**　熬制鹿角胶后剩余的骨渣，拣去杂质，砍成小块。

（2）**鹿角霜块加工方法**　将鹿角霜研成细粉，每 500 克加入鹿角胶 100 克（加水 4～5 倍烊化），面粉 100 克，拌匀压平，切成小方块，晒干。

5. 鹿血

（1）**采收**　鹿血的采集有四种方法：①活体采集，用采血针从保定的活体梅花鹿颈静脉处取血，每次采取 300～500 毫升，后进行创面消毒；②捕杀梅花鹿时，收集其动脉、静脉内流出的血液，之后冷冻储藏或倒入存放盘中晾晒取得干鹿血粉；③杀鹿时取鹿体腔中的血液；④从鹿的泪窝穿刺取血。

（2）**加工**　晒干、烘干或者冷冻干燥，加工成鹿血粉；将鹿血泡于白酒中制成鹿血酒饮用。

6. 鹿茸血

（1）**采收**　①鹿茸穿孔取血，即将欲放血鹿保定好后，在鹿的锯茸处穿凿一细孔，每次接血 500～800 毫升；②锯茸时接血，一般梅花鹿可接血 1 000 毫升左右，收取的鲜鹿茸还可用真空泵抽取鲜血；③加工排血茸时，采集从鲜鹿茸中排出的血或鹿茸煮炸时排出的血。

（2）**加工**　收集的鲜鹿茸血加入约 10 倍量的高度白酒（50度以上），制成茸血酒；以鹿茸血和纯粮白酒为主料，辅以灵芝、枸杞、甘草等中药制成营养保健酒；新鲜茸血晒干、烘干或者冷冻干燥后收集、存放。

7. 鹿心血

（1）**采收**　从宰杀梅花鹿心脏中抽出血液，为鹿心血。

（2）**加工**　晒干、烘干或者冷冻干燥，可加工成鹿心血粉；将鹿心血直接泡入酒中为鹿心血酒。

8. 鹿胎

（1）**采收**　采收期大多在 5 至 6 月份。鹿胎包括从妊娠中后期的母鹿腹中取得的水胎（胎儿、胎盘、羊水）和初生胎儿（图 1-6）。

图 1-6　梅花鹿鹿胎

（2）**加工**　加工方法主要有烤胎和鹿胎膏加工。

①烤胎

酒浸：将鹿胎用清水洗净、晾干、去毛后，放入60度白酒中浸泡2～3天。

整形：取出酒浸的鹿胎风干2～3小时，将胎儿姿势调整如初生仔鹿卧睡状态，即四肢折回压在腹下，头颈弯曲向后，嘴巴插到左肋下。然后用细麻绳固定好。

烘烤：把鹿胎放到高温干燥箱内烘烤，开始温度可达80～90℃，烤2～3小时，当胎儿腹部膨大时，要及时在两肋与腹侧扎眼放出气体和腹水，到接近完全成熟时停止烘烤。切不可移动触摸，以免损坏表皮，冷凉后取出放到通风良好的地方风干，以后风干与烘烤交替进行，直到彻底干燥为止。

②鹿胎膏

加工煎煮：此法是鹿胎的传统加工方法。先用热水煮烫，摘去胎衣，加干净清水进行煎煮。煮至胎儿骨肉分离，适度浓缩后，用纱布过滤，滤液放到阴暗通风处，低温保存（冷却后呈皮陈样）备用。

粉碎：骨与肉分别放到锅内用文火焙炒，头骨与长轴骨可碎后再烘炒，到骨肉均已酥黄纯干时粉碎成80～100目的鹿胎粉，称重保存。

熬膏：先将煮胎的原浆入锅煮沸，把胎粉加入搅拌均匀，再加比胎粉重1.5倍的红糖，用文火煎熬浓缩，不断搅拌，蒸到呈丝缕状不粘手时即可出锅，倒入抹有豆油的方瓷盘内，置于阴凉处冷凉后，即为鹿胎膏。

9. 鹿肉　四季均可采收，杀鹿后，剥皮剔骨，除去大块脂肪，将肉切成薄方块，洗去污血，鲜用或干燥。也可将鹿肉置锅内，煮熟后取出，摘出鹿骨，去掉脂肪，切成小块，干燥。

10. 鹿鞭

（1）**采收**　采收期不定，如采收"砍茸"，则6至7月份同时采收鹿的阴茎和睾丸；若系淘汰或因故死亡的公鹿，则随时采收（图1-7）。

图 1-7　鹿鞭

（2）加工　将鹿鞭自捕杀梅花鹿公鹿的坐骨弓处切断，取出鹿阴茎，破阴囊取出睾丸，带包皮皮肤，用清水洗净，将阴茎拉长至25～40厘米，连同睾丸钉在木板上，放在通风阴凉处自然风干，或将鹿鞭用沸水烫一下拉长固定后放入烤箱烘干。

11. 鹿筋

（1）采收　鹿筋全年均可采收。

前肢筋：将掌骨后侧骨与筋腱中间挑开，自蹄踵处切断，跗蹄及籽骨留在筋上，沿筋槽向下挑至腕骨上端筋膜终止处切下，再将掌骨前侧的掌骨前筋腱与骨中间划开，向下则至蹄冠部，带2～4厘米的皮割断，再向上剔至腕骨上端，沿筋膜终止处切下。

后肢筋：从蹠骨后与肌腱中间挑开至跗蹄，再由蹄踵处割断，跗蹄与籽骨留在筋上，沿筋槽向上通过跟骨至胫骨于筋膜终止处切下。后肢前面从骨后与肌腱中间挑开至蹄冠，留2～4厘米皮切断，向上剔至蹠骨上端到跗关节以上切开肌肉，至筋膜终止处切下。

（2）加工

①刮洗浸泡　剔除四肢骨骼、肌肉及腱鞘。鹿筋用清洁的冷水洗2～3遍，置阴暗处浸泡2～3天。每天早、晚各换水1次，泡至筋膜内部已无血色。进行二次加工时，将腱膜上残存的肌肉刮净，再浸泡1～2天，以同样方法再刮洗1次即可。

②烘干　鹿筋通过上述加工后，在跗蹄和留皮处穿一小孔用

绳穿上挂起，把零星小块筋膜分成 8 份，分别附在四肢的 8 根长筋上，使 8 根鹿筋的长短、粗细基本一致，使之整齐美观。阴凉30 分钟左右，挂至 80～90℃的烘箱内，至烘干为止。

③鹿筋炮制方法　将鹿筋去净蹄甲和毛，刷洗干净，润软，切 2 厘米段片，晒干，用油砂炒至松泡，筛去油砂，趁热将鹿筋倒入白酒中，不断翻动，让鹿筋淬制，待酒吸尽后，烘干即得。

12. 鹿尾

（1）**采收**　四季均可采收。鹿尾分为"毛鹿尾"和"光鹿尾"（图 1-8）。

（2）**加工**

①毛鹿尾　将鹿尾在荐椎与尾椎相接处割下，洗净，挂起，在通风处阴干。

②光鹿尾　将鲜鹿尾放入 80℃热水，至毛能拔下后，于凉水中浸泡片刻，取出褪毛，刮净绒毛，去掉尾根

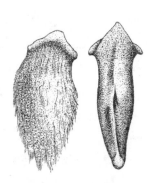

图 1-8　鹿尾

残肉和多余的尾骨，用线绳缝合尾根及断离的皮肤，将尾拉直，挂通风处，阴干。

13. 鹿皮

（1）**采收**　四季均可采收，秋冬二季采收为佳。杀鹿后剥皮。

（2）**加工**　将整张鹿皮放在流水中冲洗 2～3 天，冲去皮毛上的污尘。将冲洗干净的鹿皮采用物理或化学方法褪毛，然后再次浸泡以利于除去表面污垢。将处理干净的鹿皮切成 4～6 块，风干即成。鹿皮除了风干备用外，还可加工成鹿皮粉、鹿皮膏、鹿皮胶等。

14. 鹿骨

（1）**采收**　四季均可采收。宰杀梅花鹿取骨后，除去筋肉即得鹿骨。

（2）加工　将鹿宰杀后，剥皮剔肉，得到骨架，干燥。也可将鹿剥皮、剔去大块肉后，将骨置于锅内，煮至骨肉分离，剔除残肉，得到骨骼，干燥。

15. 鹿心　四季均可采收鹿心，杀鹿后，剖开胸腔，结扎出血心脏的动脉、静脉血管，去掉心包膜及心冠脂肪，清洗污物，烘箱烘干，烘箱温度开始 70～80℃，逐渐降至 50℃左右，4～5 天即可干透。也可将鹿心煮熟后再干燥或泡于高度酒（建议 50 度以上）中保存（图 1-9）。

图 1-9　鹿心

16. 鹿髓　四季均可采收鹿髓。杀鹿后，敲取骨髓或抽取脊髓，洗去血污，干燥。也可将鹿骨于锅内煮沸后，敲取或抽取骨髓和脊髓，洗净，干燥。

17. 鹿脑　四季均可采收鹿脑。用尖刀在寰枕关节处断鹿头，再用骨锯或劈刀从两侧枕骨大孔上缘开始向前到眼眶的前背部做 2 个平行切口，连接这 2 个切口，掀去后脑盖，去除硬脑膜和小脑膜，取出完整鹿脑，洗净，干燥（也可鲜用）。还可将鹿头去皮肉，置水中煮烂，再开颅取脑，干燥。

18. 鹿胆　宰杀梅花鹿后，收取肝管末端的膨大部分即为鹿胆。

19. 鹿肝　宰杀鹿后，剖腹取新鲜鹿肝；清洗污血，于沸水中烫几分钟，至针刺无血冒出时取出，于 70～80℃烘箱内烘干或鲜用。

20. 鹿肾　四季均可采收鹿肾，宰杀鹿后，取出肾脏，于沸水中烫几分钟，至针刺无血冒出时，取出切薄片，于 60℃以下烘箱中，烘干（图 1-10）。

图 1-10　鹿肾

21. 鹿精

（1）**采收**　采收时期大多在 8 月下旬到 11 月中旬，采收方法有假阴道法和电刺激法。

（2）**加工**　将收集到的鹿精液置于低温减压干燥箱内干燥。干燥的鹿精呈黄白色粉末状，质地松泡，具有吸湿性。

（三）鹿产品药理作用

1. 鹿茸

（1）**功能主治**　壮肾阳，益精血，强筋骨，调冲任，托疮毒。用于阳痿滑精，宫冷不孕，羸瘦，神疲，畏寒，头晕耳鸣耳聋，腰脊冷痛，筋骨痿软，崩漏带下，阴疽不敛。

（2）**药理作用**　神经系统保护，提高记忆力，缓解老年痴呆；提高机体特异和非特异性免疫；改善心肌缺血，保护心肌细胞；促进生殖系统发育，改善性功能；促进骨、软骨细胞增殖，有效促进骨损伤修复，缓解骨质疏松；促进创伤愈合；抗氧化、抗衰老、抗疲劳；抗应激；肝脏保护等。

2. 鹿血

（1）**功能主治**　补虚损，益精血，散寒邪。用于虚损腰痛、心悸失眠、肾虚阳痿、肺痿吐血、崩漏带下。

（2）**药理作用**　增强免疫功能，补血，抗缺氧，抗疲劳，提高机体性功能，改善中枢神经抑制等。

3. 鹿鞭

（1）**功能主治**　补肾精，壮肾阳，益精，强腰膝。主治肾虚劳损，腰膝酸痛，耳聋耳鸣，阳痿，遗精，早泄，宫冷不孕，带下清稀。

（2）**药理作用**　益血补身壮阳，抗衰老，抗疲劳，抗氧化，改善肾损伤，增强免疫力，促进创伤愈合等。

4. 鹿胎

（1）**功能主治**　益肾壮阳，补虚生精，虚损劳瘵，精血不足，妇女虚寒，月经不调，崩漏带下，久不受孕。

（2）**药理作用** 调经散寒，温肾壮阳，补血生精，抗衰老，美容养颜。

5. 鹿角

（1）**功能主治** 行血，消肿，益肾。治疮疡肿毒，瘀血作痛，虚劳内伤，腰脊疼痛。

（2）**药理作用** 补气血，调经，壮阳，补虚，美容养颜等。

6. 鹿尾

（1）**功能主治** 暖腰膝，益肾精，治腰脊疼痛不能屈伸，肾虚遗精及头昏耳鸣。

（2）**药理作用** 壮阳，腰椎间盘突出，保肝，抗衰老，抗疲劳，改善睡眠，提高机体免疫力，改善神经衰弱，治疗妇科病。

7. 鹿肉

（1）**功能主治** 补五脏，调血脉。用于虚劳羸瘦、产后无乳。

（2）**药理作用** 补脾和胃，养肝补血，壮阳益精等。

二、鹿业发展概况

（一）世界养鹿现状

1. 养鹿国家 目前世界上共存在 41 个鹿品种，除南极洲、撒哈拉沙漠外均有分布，为获得鹿肉、鹿茸、鹿皮、鹿鞭、鹿胎等产品，人类大量捕杀野生鹿，加上生存环境随着人类社会发展逐渐缩小，野生鹿资源濒临枯竭。为稳定获得鹿产品，人们开始驯养鹿。

世界上较有代表性的养鹿国家有：亚洲的中国、韩国、朝鲜、哈萨克斯坦、蒙古、日本等；欧洲的俄罗斯、挪威、瑞典、芬兰、英国等；北美的美国、加拿大；南美的智利、阿根廷、乌拉圭等；大洋洲的新西兰、澳大利亚、巴布亚新几内亚等。世界鹿驯养地区分布与关系见图 1-11 与图 1-12。

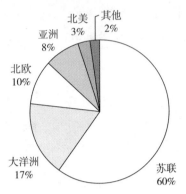

图 1-11 世界鹿驯养地区分布
与关系

（引自：李和平，国际养鹿业现状）

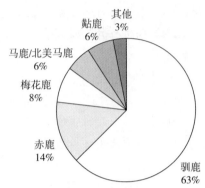

图 1-12 世界鹿驯养种类与
比例关系

（引自：李和平，国际养鹿业现状）

2. 饲养品种及历史　养鹿业是一项稳定、长效、高效产业，各国都利用本国的优良原种鹿进行系统培育改良鹿品种，实施鹿区域发展。当然因为地域和习俗的差异，不同国家和地区养鹿目的差别很大，所以饲养品种和历史也就不尽相同。

（1）肉/奶用鹿

①驯鹿　驯鹿性情温顺、体型大、耐粗饲、适应性强，主要分布在亚欧大陆北部及北美北部高纬地区，一般随季节变化进行迁徙，冬季迁往相对温暖、饲料条件好的牧场，夏季则迁往高纬灌丛、苔原地带，被人类驯养提供鹿奶、鹿肉、鹿茸及鹿皮等主要产品，是驯养该动物的土著居民最重要的财产和生活保障。

②赤鹿　赤鹿也叫欧洲马鹿，因为体型大、生长快、产肉率高，是生产高级鹿肉的主要鹿种，主要在英国、新西兰、澳大利亚等国驯养。但是随着养殖国对鹿茸等"副产物"的推荐及以韩国为代表的传统鹿茸市场接受赤鹿茸，赤鹿已经由肉用逐渐向茸肉兼用型转化。

（2）茸/药用鹿

①梅花鹿　梅花鹿原产于亚洲，主要分布在中国、俄罗斯远

东地区、日本及中南半岛国家。人工饲养梅花鹿主要是中医文化认为梅花鹿茸、角、鞭、尾、筋、血、心和胎等均是极其珍贵的中药材，对提高人体免疫力、治疗特定疾病有着奇妙的作用，并且效果明显的验方很多，所以是最传统的茸/药用鹿种。

②马鹿 马鹿原产于亚欧大陆和北美洲，亚洲马鹿主要分布于中国、俄罗斯及哈萨克斯坦等国家，加拿大和美国则是美洲马鹿主要分布地区。马鹿体型大，肉、茸产量均高于梅花鹿，是梅花鹿之外的重要茸用鹿品种。

（3）观赏鹿

鹿形态优美，除生产茸、肉、奶及其他药材外，还可作为观赏动物驯养在动物园、自然保护区等地点，供人们观赏和研究。各种鹿均可作为观赏鹿驯养，但目前最具代表性的是原产于我国的麋鹿，现在英国等地作为观赏鹿驯养；另外狍子、麝等小型鹿科动物，也被相关企业和机构驯养，不仅有观赏价值，还能为相关研究工作提供便利；还有一些国家开辟特定区域，放养鹿类供人们狩猎。

3. 生产现状 目前全世界鹿饲养量达 500 万～800 万只，饲养方式有放养、圈养或放养与圈养结合等，年产鹿茸近 350 吨，鹿肉数万吨。新西兰是赤鹿主要养殖国家，养殖量达到 100 多万只，年产优质鹿肉 1.5 万吨，鹿茸近 200 吨，主要销往欧洲国家及中国、韩国和日本，在其草地畜牧业中占有很大的比例；北欧、北美养殖驯鹿主要出产鹿肉和鹿角；俄罗斯驯鹿饲养量也有数百万只，因为与中国、韩国临近，其饲养的驯鹿除生产鹿肉、鹿奶、鹿皮外，还提供大量驯鹿茸，因为驯鹿茸在传统中医学理论不能入药，所以争议很大。

（二）我国养鹿业现状

1. 我国鹿养殖历史及品种 我国鹿养殖历史悠久，鹿资源和物种十分丰富。据调查，在我国有梅花鹿、水鹿、白唇鹿、马鹿、坡鹿、麋鹿、驼鹿、驯鹿、黑麂、獐（河麂）、毛冠鹿、赤鹿、斑鹿和狍等5亚科9属15种。最远可追溯到殷商时期，汉代也有供皇家狩猎的园林，到了清代更是在规模宏大的承德避暑山庄，以及东丰、西丰建立专门驯养鹿只的皇家围场，设置专门的官职"鹿驼"管理养鹿，为皇宫贵族提供鹿茸、鹿血、鹿奶、鹿肉等。中华人民共和国成立后，国家设立了多家国营鹿场，生产鹿产品出口换汇和配制传统中药。改革开放以来，民间养鹿场如雨后春笋般涌现，养殖量不断扩大。据统计，全国有养鹿场3000多家，存栏100只鹿左右规模的鹿场有2000多家，其中个体户占多数。全国饲养量约70万只，年产鹿茸约100吨，其中梅花鹿茸约占60%，马鹿茸约占40%。我国生产的鹿茸70%外销，主要销往中国的港、澳、台，出口东南亚国家和韩、日等国。

我国养殖鹿以茸用鹿为主，包括梅花鹿、马鹿，也有茸肉兼用型的杂交鹿，但是因为鹿茸和鹿源中药材价格较高的原因，我国并没有发展出单纯生产鹿肉的品种和养殖企业，茸、肉兼用也是以生产鹿茸为最主要目的。驯鹿养殖在我国规模不大，主要集中在内蒙古自治区根河市敖鲁古雅乡，由鄂伦春猎民放养，现已发展出鹿车等民族特色旅游活动，但基本不对外提供产品。观赏鹿养殖除在动物园饲养外，还有企业通过人工哺乳、降低应激性等方法，培育梅花鹿成为能在城市广场和公园放养，供人们观赏的"广场鹿"。另外，由英国归还的原产于我国的麋鹿，现在北京市大兴区、江苏省盐城市、湖北省石首市等地保护区养殖扩繁，以供科学研究和人们观赏。

2. 鹿卫生保健及科研现状

（1）**鹿卫生保健现状** 因为鹿养殖历史较家畜短，加上鹿的野性比家畜高很多，所以鹿的卫生保健与家畜还有一定差距。例如一些在家畜上很少发生的病，在鹿上仍时有发生；鹿的养殖规范和营养标准仍有待研究制定，以杜绝经常发生的营养代谢病；另外仔鹿成活率相对较低，影响了家养鹿群数量的增长；因为经济条件和生产观念等原因，鹿的动物福利较低，得不到保障。

（2）**鹿科研现状** 为解决这些问题，提高鹿的健康指数、生产性能、改善其动物福利状况，包括大学、专业研究所及养殖企业等多方力量进行了良种培育、疾病防制、饲料营养及产品加工等多方面研究，取得了多项科技成果，技术的推广应用也获得了较好的经济效益和社会效益，但目前仍有大量问题有待在今后工作中逐一解决。

3. 产品营销现状 我国养鹿界也成立了鹿业协会，成员包括教学、科研、养殖者等多方面会员。协会在管理、技术服务等方面做了很多工作，但在鹿产品鉴定、销售等方面对养鹿户和会员帮助不大。养鹿企业和个体养鹿户，还是在做着原料销售或简单初加工后即卖掉的营销模式，最终大量鹿产品还是以整体或简单分割形式在特产产品店里销售，很少有企业能做全养殖、初加工、深加工、销售的全产业链，产品价值亟待提高，产业迫切需要升级。近年来随着互联网普及，电商形式快速发展，也有养殖者和销售店开起了网络商铺，在网上销售鹿产品，这是很好的发展方向，但是因为监管不到位，加上有的店诚信度存在问题，影响了行业整体形象，互联网销售的鹿产品目前还无法与传统商铺销售量相比。希望通过管理部门、行业协会监管和业户自律，逐渐提高其诚信度，就可以实现鹿产品及时、快速、保质的流通。

（三）我国养鹿业展望

1. 发展养鹿业优势

（1）**饲料资源丰富** 鹿为草食类反刍动物，饲料以草、幼嫩树枝和农作物秸秆等粗饲料为主，辅以谷物等精饲料，并添加矿物质、微量元素及维生素等。我国地域辽阔，从热带到寒带气候均有分布，可做饲料应用的植物资源丰富、产量充足，完全能支撑鹿养殖业对优质饲料的需求。另外鹿经济价值较高，以同样的饲料养殖鹿可获得比牛、羊等传统畜牧业高得多的经济效益。这就为提高我国饲料资源利用效益提供了更好的选择。

（2）**品种资源优势**　世界现存41个鹿品种，我国就有16个，种质资源丰富，是我国发展鹿养殖业得天独厚的资源优势。特别是我国鹿养殖目前及今后较长一段时间里仍将以茸鹿养殖为主，而我国人工养鹿历史悠久，深厚的鹿文化积淀加上养殖企业、科研工作者的长期努力，我国培育出了享誉世界的人工养殖梅花鹿和马鹿品种，这些品种都有着自身的特点和优点，适宜在不同地域和条件下养殖，扩大了我国鹿养殖适宜区域，合理利用现有品种资源并挖掘其特定优势将给我国鹿养殖业腾飞提供强大的动力。

2. 产品升级及市场拓展趋势

（1）**鹿产品升级**　我国鹿养殖业长期从属于中药材、小规模观赏、特定品种资源保护和研究，能被市场接受和消费者便利应用的产品并不多。其实鹿产品不仅限于茸、鞭、血、心及胎等的医药用途，鹿肉味美、营养丰富，鹿骨有益强筋壮骨，鹿皮制品高档精致。研发新的鹿产品，拓展其适用领域，如保健品、食品、服装、工艺品及化妆品领域，是鹿产品从高高在上的"皇家特供"云端走下神坛，被更多的人认识和使用的合理途径。韩国、中国香港、东南亚等国家和地区，在鹿产品开发和多领域应用方面有很多经验值得我们借鉴。随着我国对人工养殖鹿管理归口探讨提上日程，近年又有部分鹿产品开放药食同源使用政策颁布实施，我国鹿产品合理开发、适用领域合理拓展正在进行，这一切都在不断推进我国鹿产品的不断升级。

（2）**市场拓展**　鹿产品市场不但从药品向保健品、食品、高级皮革产品、工艺品拓展，销售市场也在不断变化、拓展。封建王朝时期生产力低下，鹿养殖数量较少，只能生产有限的产品供皇室、贵族使用，或作为昂贵的药材出现在中药铺。新中国成立后鹿养殖量和生产性能都得到极大提高，但较长时间里鹿产品只是作为出口换汇，出口海外和供国内少数药厂使用。改革开放后集体鹿场、私营鹿场鹿饲养量逐渐超过传统国营鹿场，鹿产品销售也由基本销往国外，变成国外、国内并重。近年来随着我国经济和社会逐渐发展，鹿产品已经由奢侈品成为人们保健需要的一种选择，其销售市场也由以国外为主变为以国内为主，甚至我国已经成为世界上最大的鹿茸消费国，每年都有大量的鹿产品从新西兰、俄罗斯等国通过或明或暗的渠道进入我国。这说明了鹿产品在我国国内具有很大的市场空间，也给我们加强市场监管提出了要求，对不当产品的泛滥敲响了警钟。

第二章

茸鹿养殖场建设

我国养鹿业从苑囿养鹿算起，已有三千多年的历史。虽然我国养鹿历史悠久，是世界上鹿业生产大国之一，但是毕竟人工环境和野生环境差别很大。茸鹿的规模化养殖，首先因为群体数量的庞大，容易造成某些传染性疾病的流行；其次容易对鹿只造成慢性环境应激，使其抗病力和免疫力降低，最终导致生产力下降、鹿群体质虚弱。因此，鹿场的建设必须因地制宜、因时制宜，本着以鹿为本、经济适用、便于操作、美观实用、环境第一的原则，根据当地的情况和所养茸鹿的种类，合理地规划养殖场地。

一、鹿场的选址与建立

（一）厂址选择的条件与要求

鹿场的场址选择直接关系到鹿场的发展和经济效益。科学地进行鹿场的选址，有助于今后鹿场规模的扩大、有助于饲养人员进行鹿群的日常管理，也有助于鹿产品的销售与运输；反之，如果鹿场的地址没有选择好，可能会造成流行病的传播、鹿群生产力下降或对周围居民生活环境造成污染。

选场是养鹿的开始。鹿群可以随意调动，而鹿场却不能轻易地搬迁，所以建场之前对场址选择一定要有周密的考虑，统筹安排和长远规划，必须与农牧业发展规划、农田基本建设规划等结合起来，必须适应于现代化鹿业的需要，要有发展的余地。

一个理想的鹿场，场址的选择应该具备以下要求。

1. 环境适宜、远离居民区　鹿作为一种胆小易惊的野生动物，正常生活时要求环境安静，所以鹿场应该远离闹市和居民区，可以选择建立在城镇和村庄居民生活区的下风处，与居民生活区之间要保持 1 000 米以上的距离。场址不能建在化工厂、造纸厂、矿场等易造成环境污染的企业的下风或下游处，以免其产生的废弃物对鹿的生长造成影响；也不能建立在铁路、交通繁忙公路附近，以免车辆的鸣笛和噪声对鹿群造成干扰。此外，由于鹿和牛、羊等多种家畜有共患的传染病，所以场址的设置应远离其他家畜的养殖场，也不应与牛、羊一同饲养或共用饲料场地。

2. 交通方便、能源充足　鹿群的引进、鹿产品的销售等都需要便利的交通条件，所以鹿场的选址在距离主干道 1 000 米以上的条件下，最好有专用的道路与主干道路相连，这样既有利于防止传染病的传播，又有利于养殖效益转化为经济效益。

同时，要建立现代化的养鹿场，能源是必不可少的重要条件，尤其是电力资源要充足。因此，场址的选择要靠近输电线路，尽量缩短新线架设距离以减少投资。此外，为了防止断电对鹿群的养殖造成严重的影响，鹿场应自备发电机，供断电时紧急使用。

3. 饲料丰富、价格适宜　养鹿所需要的粗饲料量很大，且不易运输，所以养鹿场应靠近秸秆、青贮饲料等饲料资源比较丰富的地区，以降低运费，控制成本。鹿场内或鹿场附近应设置饲料处理的饲料基地，并保证稳定的饲料供货渠道，能够保证各个季节需要的各种饲料的需求量。

（二）建立鹿场需要考虑的因素

1. 气候 要综合考虑当地的气候因素，如一年中各个季节的温度、湿度、降雨量、风向等，以选择适合的场址建立鹿场。

2. 地势 鹿场的地势应高燥，要高于该地区历史洪水的水位线；不能选择低洼潮湿的场地，要远离寄生虫多的沼泽地。

地面平坦稍有坡度，以 3°～5° 为宜，以利于排水。地面坡度不宜大于 25°，以免管理、运输不便，并对鹿的生长繁殖不利。

3. 土质 土质要求质地均匀、坚实，抗压性和排水性好，吸湿性和导热性小，土壤未被污染。一般以沙质土壤最合适，有利于雨水的快速下渗，保持场地内的清洁与干燥卫生，防止蹄病和其他疾病的发生。此外，要对土壤进行化学元素分析，在饲养过程中补充缺乏的微量元素。

4. 水源 水是进行茸鹿生产的必需条件。因此在建立养鹿场时，要注意水源的供给，保证有足够的水源，枯水期能满足需要。在必要时还应对场内的地下水位、自然水源、水量和水质等进行勘测和调查，并注意水中矿物质和微量元素的含量，同时要避免使用江河等地上的自然水源和被污染的水源。此外，北方地区冬季应防止水槽结冰。

5. 饲料 做好饲料的准备也是建立养鹿场的条件之一。鹿场要有可靠的供应各种饲料的基地，可以选择有足够饲料来源，能保证供给各季所需各种饲料（尤其是粗饲料）的地方建场。饲料加工室应设立在精料库附近，设有饲料加工设备；调料室应做到保温、通风、防暑；仓库内存放有豆饼、豆粕、麦麸、大豆等；室内的地面也应为水泥地，这样便于清扫；粗饲料棚应建立在地势高、干燥、通风、排水良好、地面坚实、利于防火的地方。

二、鹿场的规划与布局

首先要根据其本身的生产性质和目的、经营特点、发展规划，按照鹿生物学特性的要求，结合场地的大小、风向、坡向、位置、水源等，从实际出发，合理规划、配置各类建筑，使其科学合理，便于操作；其次要节省空间，提高利用率，以适应鹿业生产发展的需要。

规模化的专业鹿场一般按功能分为四个区，即职工生活区、经营管理区、养鹿生产区和病鹿隔离治疗及粪尿污水处理区。如该鹿场有加工项目，还应该准备加工生产区。

职工生活区主要包括职工文化区和住宅区；经营管理区主要包括办公室、财务室、接待室、档案资料室、实验室和食堂等；养鹿生产区分为养殖区、饲料区和生产辅助，其中养殖区主要包括鹿舍、运动场等，饲料区主要包括精料区、青贮区、干草区等，生产辅助区包括饲料加工车间、机械车辆库等；病鹿隔离治疗及粪尿污水处理区主要包括兽医诊疗室、病鹿隔离舍、积粪场等（图2-1）。

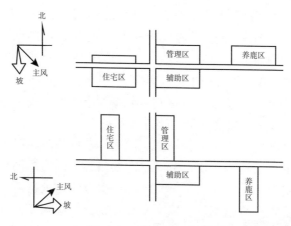

图2-1 鹿场主要建筑布局

（一）职工生活区

职工生活区应该设置在整个鹿场的上风处和地势较高的地方，并与生产区保持一定的距离，以保证生活区良好的卫生环境，使鹿场的不良气味、噪声、粪便和污水等，不会因为风向和地势的因素污染职工生活环境，进而避免人畜共患疫病的交叉感染，同时也在一定程度上防止了无关人员进入养鹿场而影响防疫。

（二）经营管理区

此区经常有外界人员出入，所以应当与养鹿生产区有一定的距离，自成一体。在规划经营管理区时，应当充分利用现有的道路和输电线路，充分考虑饲料和生产资料的供应、产品的销售等。产品供销的运输与社会联系频繁，为防止疫病传播，故场外运输车辆严禁进入养鹿生产区，所以汽车车库应设置在经营管理区。除饲料外，其他仓库也应设在经营管理区。外来人员只能在经营管理区活动，不得进入养鹿生产区。

（三）养鹿生产区

养鹿生产区是鹿场的核心，对养鹿生产区的规划布局应给予全面细致的考虑。鹿场经营如果是单一或专业化生产，对饲料、鹿舍以及附属设施也就比较单一。养鹿生产区的布局要因地制宜、方便操作，不要过于追求形式。

1. 养殖区 应设在场区地势较低和下风的位置，要控制场外人员和车辆，使之不能直接进入养殖生产区，要保证最安全、最安静。各鹿舍之间要保持适当距离，布局整齐，以便防疫和防火。但也要适当集中，节约水电线路管道，缩短饲草饲料及粪便运输距离，便于科学管理。应根据鹿的生理特点，对鹿进行合理分群、分舍饲养。鹿舍安排要充分考虑到鹿群数量、不同鹿群的生物学特性和生产特点，采取东西并列或南北纵列式，分成若干单元。每个单元可饲养成年梅花鹿150～200只，马鹿100～150只。为避免发情母鹿气味刺激公鹿引起骚动，公鹿应安排在上风向，母鹿在下风向，中间安排育成鹿舍。鹿舍方向要避开主风向，保证阳光照射。各鹿舍间有宽敞的道路，以便管理人员进出方便及拨鹿、驯化、转群使用。北方鹿舍一般坐北朝南，运动场在棚舍南侧；南方为避暑，有的将运动场设在棚舍北侧或将棚舍设在运动场中间（图2-2，图2-3）。

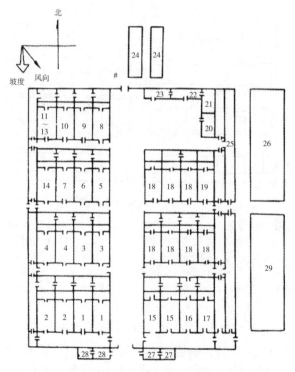

图2-2 500只鹿场鹿舍布局示例

1.育成公鹿圈 2～13.2～13岁公鹿圈 14.吊圈 15.仔公圈 16.仔母圈 17.育母圈 18.成母圈 19.隔离圈 20.仓库 21.精饲料库 22.饲料加工室 23.调料室 24.青贮窖 25.树叶和青草棚 26.干草或玉米秸垛 27.队部和学习室 28.值班室 29.粪场

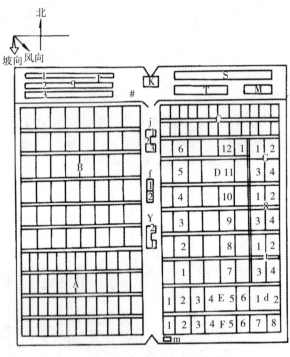

图 2-3 1 000 只鹿场鹿舍布局示例

A. 种公鹿、预备种公鹿、高产公鹿小圈区 B. 成年公鹿区 C. 母鹿小圈区 D. 母鹿小圈区 d. 3 岁母鹿区 E. 育成鹿区（公 1～4，母 5～6） F. 仔鹿区（公 1～4，母 5～8） G. 病鹿区（1～4） g. 隔离鹿区（1～4） t. 淘汰鹿区（1～4） q. 青贮窖（1～3） S. 树叶库 j. 精料贮存加工调制室 f. 鹿茸加工室 Y. 仓库 K. 地中衡 m. 门卫值班室 I. 电源 T. 铡贮干精料库 M. 粗饲料垛

2. 饲料区 饲料的供应、贮存、加工调制是鹿场的重要组成部分，与之有关的饲料库、干草棚、加工车间和青贮池等建筑物，其位置的确定，必须同时兼顾饲料由场外运入和运到后会进行分发这两个环节。为了防止污水渗入而污染草料，保证防疫卫生安全，一般都应建在地势较高的地方。粗饲料库设在生产区下风口地势较高处，与其他建筑物可保持 60 米的防火距离。

3. 生产辅助区 处于生产区和管理区的中间过渡带上，它包括饲料加工车间、机械车辆库等。饲料加工车间应建在靠近管理区的道路旁，便于饲料运输和车辆卫生防疫。生产辅助区要用围栏或围墙与外界隔离。大门口设立门卫传达室、消毒室、更衣室和车辆消毒池，严禁非生产人员出入场内，出入人员和车辆必须经消毒室或消毒池进行消毒。

（四）病鹿隔离治疗及粪尿污水处理区

该区设在养鹿生产区下风头、地势较低处，应与养鹿生产区保持 300 米以上卫生间距。病鹿区应便于隔离。单独通道，便于消毒，便于污物处理等。尸坑和焚尸炉距生产区要有 500 米以上卫生间距。防止污水粪尿废弃物蔓延污染环境。

此外，鹿场道路两旁及各建筑物四周都应因地制宜搞好绿化，以改善鹿场环境条件和局部小气候，净化空气，美化环境，同时对各区也能起到隔离带的作用。

三、鹿舍及鹿场主要设施

鹿舍是鹿场的主要生产建筑，是鹿的生活和生产活动的场所。鹿的潜在生产能力和经济效益能否充分发挥，与鹿舍建筑结构、形式有密切关系。因此，鹿舍设计原则是防鹿逃跑，冬御严寒，夏避酷暑，光线充足，通风良好，适应当地的自然条件；还要符合鹿的生物学特性和生长发育的需要；做到美观耐用，便于实行科学管理。

鹿舍应建在场内生产区中心，尽可能缩短运输路线。修建数栋鹿舍时，方向应坐北朝南，以利于采光、防风、保温。鹿舍超过四栋时，可两栋并列配置，前后对齐，相距 4 米以上。

（一）传统鹿舍建筑

根据鹿的种类、性别、年龄等不同，一般把鹿舍分为公鹿舍、母鹿舍、育成鹿舍和子母鹿舍。有条件的鹿场可以设立隔离鹿舍及放牧鹿舍。

1. 鹿舍面积 鹿舍包括棚舍、运动场、通道和保定圈等，一般而言的鹿舍面积是指棚舍和运动场两部分面积之和，其大小可以因所养鹿的种类、年龄、性别、饲养方式、经营管理体制的不同而异（表2-1）。

表2-1 鹿舍建筑规格

鹿别	棚舍（米）	运动场（米）	每舍容纳鹿数（只）		
			公鹿	母鹿	育成鹿
梅花鹿	10.5 × 6	10.5 × 27	25～30	20～25	35～40
马鹿	14 × 6	14 × 30	25	20	35 左右

我国在建设鹿舍时，一般是建筑同样面积大小的鹿舍，通过改变饲养鹿的数量来调节不同鹿只的占地面积（表2-2）。

表2-2 舍饲茸鹿的占地面积 （米^2/只）

鹿的种类	梅花鹿		马鹿	
	棚舍	运动场	棚舍	运动场
成年公鹿	2.1～2.5	9～11	4.2	21
成年母鹿	2.5～3.2	11～14	5.2	26
育成鹿	1.6～1.8	7～8	3	15

2. 墙壁 包括棚舍墙壁和运动场墙壁。要求基础应有足够强度和稳定性，抗震、坚固；一般可用砖墙、石墙、土墙、铁栅栏、铁丝网等。每个鹿舍运动场前壁墙外设有3～4米宽的走道，它是平时拨鹿、驯化鹿、放牧鹿的主要通道，也是为了防止跑鹿、保证安全生产的防护设备。

（1）棚舍墙壁 多采用砖墙，棚舍后面墙壁留有后窗，以利通风。在北方冬季堵上，春、夏、秋季节开放。开放式鹿舍的棚舍前面无墙壁，仅有圆形水泥柱或铁柱，房前檐距离地面 2.1～2.2 米，后檐距离地面 1.8～1.9 米。

（2）**运动场墙壁**　一般用砖砌成花墙，现提倡下部 1 米处用砖、石结构，上部用铁网或铁栏结构。墙壁高 1.9～2.1 米，隔墙高 1.8 米。要求牢固可靠、美观大方。

3. 鹿舍地面　在鹿舍的走廊里要有可以排除粪尿、污水用的排水沟，排水沟上要加盖。鹿舍地面基本要求是坚实、平坦、不滑、有弹性、导热性差、干燥，有适当坡度，易排水，易清扫和消毒。

（1）**棚舍地面**　又称为寝床，要求平整干燥、稍有坡度，利于排尿和保温。棚舍地面要求从后墙根到前檐下略有缓坡，但坡度不可过大。杂木板地面最为理想，但造价高，应用不多。白灰、黏土、砂砾三合土夯实后，铺上大粒砂或风化砂也很适用。现多采用砖铺地面，虽保温性差，但平整清洁。

（2）**运动场地面**　运动场是鹿的主要活动场所，要求地面干燥、土质坚实，符合卫生要求。现多采用砖铺地面，初期对鹿蹄有磨损作用，应铺上细沙或细土，出现破损要及时修补。在南方有用防滑水泥地面的，这种地面平整易排水和清扫，但易滑倒，且夏热冬凉，鹿不喜欢在水泥地面上活动。

4. 鹿舍棚顶　鹿舍棚顶的作用主要是防雨雪、防风沙和遮阳，要求质轻坚固、防水防火、保温隔热，抵抗雨雪、强风等外力影响。可采用工程塑料板、复合彩钢板、石棉瓦等材料，材料的颜色要深，以防止被太阳辐射穿透，造成舍内温度过高。

鹿舍棚顶形式有单坡式、双坡式、不等坡式。单坡式形式简单，造价低，排水到外，保温性差；双坡式和不等坡式结构复杂，造价高，保温性好。

在东北高寒地区可采用保温鹿舍，冬季用塑料大棚将鹿舍封闭好，控制舍内温度，但要注意通风，这样能使鹿的生产能力有所提高，经济效益明显，有较好的前景。

5. 门　为便于拨鹿和管理，鹿舍须设有多个门，如前门、后门、棚舍间壁门、运动场间壁门等。前门设在鹿舍前墙的一侧；后门设在鹿舍后墙的一侧，一般每 2～3 个鹿舍留 1 个后门；棚舍间壁门设在棚舍两侧墙靠后墙一侧或前 1/3 处；运动场间壁门设在运动场两侧墙靠前墙一侧或前约 5 米。此外，通道或走廊两端也有门。

门要求坚固严实向内开。现多采用铁皮门，1 米以下为实板，1 米以上需留有缝隙，既节省材料又减轻重量，也便于观察。门宽 1.5～1.8 米，高 1.8～2.0 米，通道与走廊门宽 2.5～3.0 米，高 1.8～2.0 米，为对扇门。

6. 窗　在寒冷地区，窗应少设，窗的面积也不宜过大，一般棚舍后墙留有通风窗，冬季封严，春、夏、秋季打开。在温暖的南方地区，可适当多设窗和加大窗户面积，窗户面积占总墙面积的 1/3～1/2 为宜，窗户的设置应符合透光通风的要求。

窗台距舍内地面距离一般 1.2 米以上，窗宽 1.2～1.5 米，窗高 0.75～0.9 米。

7. 通道　通道也称走廊，位于每栋鹿舍前墙外与前栋鹿舍后墙之间，或相邻鹿舍之间的纵道。是锯茸、拨鹿、出牧、归牧等必经之路，也是一种安全防护设施，一般宽 4 米左右，太宽占地面积多，拨鹿时迂回面积大、速度慢；太窄则拨鹿拥挤，容易伤鹿。两边有大门，平时关严。

8. 隔栅　隔栅又称腰隔，设在棚舍寝床前 2～3 米与运动场之间，使棚舍与运动场间形成通道，方便拨鹿。隔栅可以是固定的花砖墙，也可以是可活动的木、铁栅栏，两侧和中间设门。目前，许多鹿场不设隔栅，通道里可设墙，起隔栅作用。

9. 产仔小圈　产仔小圈又称单圈，是对产仔母鹿和初产仔鹿进行护理的场所。平时还可以饲养老弱鹿，配种期也可以饲养种公鹿。

小圈设在母鹿舍的一侧或一端，其大小为 4 米×6 米，产仔圈可 2～3 个相连，其间有相通的小门，并可通向运动场和相邻鹿舍，最好用砖建成永久性的圈，设简易防雨遮阳棚，产床应保持干燥。

（二）现代鹿场建设

鹿场可依山、丘陵、草原而建立。选定一定范围，设围栏建成现代鹿场，将鹿散放于鹿场围栏内，模拟其野外生存环境，在场内自由采食粗饲料，每天定时补饲精饲料。这样的饲养方式能保证茸鹿的足够运动量及采食量，能够最大限度地发挥其生产性能，减少饲养人员劳动量，降低成本，从而提高茸鹿养殖的经济效益。

平原地区散放面积不充足，可采用舍饲加半散放相结合的方式饲养，饲养方式为早晚进行少量的粗饲料及全部精饲料补充，白天饲养于散养场，晚上回舍，方便鹿群管理。该养殖方式注重于增加鹿群活动量，使其能够得到较好的运动量，对比于传统饲养方法能够提高鹿的体魄及健康状态，较好地增加茸鹿养殖的经济效益。

（三）鹿场的主要设施

1. 喂饮设施　这类设备主要包括喂料设备和饮水设备两大类。

（1）喂料设备　喂料设备主要指料槽，有石槽、水泥槽、木头槽等多种，其中以水泥槽应用最为广泛。采用木头料槽时，安装必须要牢固。饲料槽的表面要光滑，不要有棱角。

料槽最好安放在前墙铁栅栏下方，或纵向固定在运动场中间。成年花鹿料槽长按每只 40 厘米，马鹿按 50 厘米计算长度，料槽上口宽 100 厘米左右，底宽 80 厘米左右，深 20 厘米，槽底距地面高 30 厘米左右。此外，舍内应设有盐池，内放有盐砖，供鹿自由舔食。

（2）**饮水设备** 饮水设备一般包括水源、潜水泵、水箱、水管、饮水槽等。

水槽是鹿饮水的必备设备，要求坚固、光滑、不透水。南方多采用石槽和水泥槽，一般放在前墙边，大小根据情况而定；北方因冬季要加温多用铁制水槽，可用铁板焊成长 100 厘米、宽 50～60 厘米、深 20～30 厘米的铁槽，或用直径 80～100 厘米的铁锅。有条件的鹿场，应选择饮水自动化装置，既可节省水源，又安全卫生。

2. 保定设施

（1）**收茸保定设备** 由附属设备、连接通道和保定器三部分构成。附属设备由 1～2 圈组成，每个小圈 4 米×4 米，是临时存放鹿的地方。通道是由小圈向保定器拨鹿用的，有导门式和推板式。保定器俗称"吊圈"，有抬杆式保定器（图 2-4）、半自动夹板式保定器（图 2-5）、液压挤压式保定器（图 2-6）和吊索

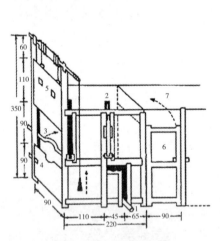

图 2-4 抬杠式保定器
（单位：厘米）
1. 抬杠 2. 腰杠（压鞍） 3. 脖杠
4. 放鹿门 5. 吊门 6. 后门 7. 拨鹿通道

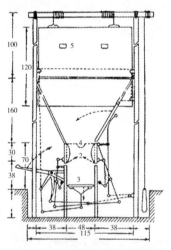

图 2-5 半自动夹板式保定器
（单位：厘米）
1. 操纵杆 2. 夹板 3. 底板
4. 小门 5. 吊门

图 2-6　液压挤压式保定器

式保定器四种。

（2）**医疗保定设备**　医疗保定设备是根据大家畜手术台基本原理设计而成，主要用于难产助产、疾病治疗和人工授精等的保定。其主要结构由翻转保定台、前后门、右活门、绑绳、紧绳结构及运输轮组成。该设备使鹿治疗保定安全、迅速、省人、省力。

3. 防疫设施　养鹿生产区进口处应设车辆消毒池，并设有人的脚踏消毒池（槽）或喷雾消毒室及更衣换鞋间。

车辆消毒池构造应坚固，并能承载通行车辆的重量。消毒池地面应平整，耐酸耐碱，不透水。池子的尺寸应以车轮间距确定，长度以车轮的周长而定，常用消毒池的尺寸为：长 3.8 米，宽 3 米，深 0.1 米。

脚踏消毒池（槽），可采用药液湿润，踏脚垫放入池内进行消毒，其尺寸为：长 2.8 米，宽 1.4 米，深 5 厘米。池底要有一定坡度，池内设排水孔。此外，在消毒池两侧可安装紫外线照射设备。

4. 饲料贮存库　饲料贮存库按其用途可分为粗料库、精料库、青贮窖等。为运输饲料方便，精饲料库应建在饲料加工调制室附近。粗饲料库应安排在与鹿舍平行的下风侧，地势相对高些，以通风防潮、方便取用、利于防火。青贮窖要处于鹿舍的高处，有一定距离，但距离不应太远，以减轻运料的劳动强度并注意防火和防粪尿污染。

（1）粗饲料库　主要用来贮存一些供鹿只饲用的粗料，如干树叶、玉米秸秆、牧草、藤蔓、豆荚皮、杂草等。这类饲料体积大、干燥易燃、潮湿发热，所以多需建在地势干燥、通风排水良好、地面坚实、利于防火的地方，房屋顶棚必须严密，防漏雨。饲料房举架要高，增大容积，利于车辆出入。库房最好是水泥砖墙，也可为大棚结构，在一侧或中间留门。库房大小以需存料量而定，一般一个长30米、宽8米、高5米的粗饲料库可存粗饲料50吨左右。此外，库房内或附近要安装好粉碎机，以利于饲料粉碎。

（2）精饲料库　精饲料库主要用来贮存鹿的精料、补充料原料及成品，主要包括谷物（如玉米等）、饼粕（豆饼、菜饼、棉饼等）、豆粉、麦麸等制成的精料。此外，对于矿物质、维生素、氨基酸、石粉、骨粉、盐等小料应隔仓或固定小间存放，以防混乱。精料库应干燥、通风、防鼠，其一般是砖石结构，面积依饲养规模而定，一般为100～200米²即可，以存放3个月左右的精饲料量为宜。

（3）青贮窖　主要是用来制作、贮存青贮饲料（如全株玉米秸和其他青绿多汁料）的设备。其形状有长形、圆形、方形，形式有窖式（全地下）、壕式（半地下）和塔式（地上）等，多为砖石结构，水泥抹面，必须防渗、防漏，密闭好。其规格根据鹿群大小、贮料量多少、饲用时间而定，一般按每立方米600～800千克计算。目前常用青贮包，将全株玉米秸和其他青绿多汁料粉碎后用打包机直接打包压实，重量约为80千克，制成直径大约为80厘米、高60厘米的圆柱包。这种方式有利于一些小型养殖场或无条件建设青贮窖的养殖场使用，并且其运输和储存成本较低，对未来养殖场发展大有益处。

（4）**饲料存放场** 主要用来垛放干秸秆（玉米秸、豆秸等）及全株干草，用于鹿非放牧时（冬、春）补饲，一般要求堆垛，垛周围用土墙或栅栏围起，顶部用油布或塑料布遮好，防雨雪淋湿，平时应严防火灾及其他动物践踏破坏。

5. 鹿茸加工设施 主要有真空泵（减压泵每小时120立升）、鼓风机、烘箱、冰柜、烫茸器、电扇、潜水泵、鹿茸切片机等。

6. 其他机械设备 鹿场常用的机械设备有：青饲料切碎机、青干饲料粉碎机（筛孔0.8～1.0厘米）、豆饼破碎机（锤式：筛孔1.5～2.0厘米）、精饲料粉碎机（锤式：筛孔0.6毫米）、块根饲料清洗切碎机、青贮收割机、颗粒饲料机、打浆机、5～10吨地中衡等。

第三章
种鹿的引进

鹿场建好之后，首先要考虑的问题就是种鹿的引进。种鹿是整个鹿场的核心，种鹿的品质直接影响全鹿群的质量、生产性能及鹿场的生产效益。适时对种鹿进行淘汰和更新有利于提高鹿场的生产水平和经济效益。所以，种鹿的引种工作需要做全方位的考察，引进生产性能良好的种鹿。

一、品种选择依据

（一）适 应 性

不同生物因其进化、驯化历史的原因，对温度、湿度、气候更替、饲料条件等有不同的要求。只有考虑到本地相关条件是否能够满足其需求，动物才能健康生长、发育、繁殖、生产，否则就会发生各种疾病或发育缓慢、生产性能降低、繁殖障碍等问题，鹿也是如此。但是因为目前人工养殖的梅花鹿、马鹿已经有一定时间的驯养历史，其适应性已经很强，在世界各地均有养殖，繁殖、生产也很成功。但是特化程度高的鹿则对环境条件敏感，适应范围窄。如我国的白唇鹿只适合在海拔 3 000 米以上的青藏高原，对低海拔地区难以适应。需要注意的是，人工培育的梅花鹿品种（系），都是在东北地区完成的，东北地区的气温变化、湿度条件等与海南、两广、云贵等省区都有很大区别，这些地方当地动物能够适应的养殖条件，刚刚引入的东北梅花鹿未必能够适应。如有的鹿棚和运动场均为泥地，多雨季节就会十分泥泞，导致梅花鹿蹄部长期浸泡在其中，腐蹄病等疾病的感染率较其原产地——东北地区高了数倍甚至十几倍，这就要求养殖者充分考虑梅花鹿的适应性，才能使梅花鹿健康生长、发育。因此，适应性是养殖者选择鹿种的重要考量因素之一。

（二）繁殖性能

人工养殖动物，不仅要求其本身健康生长、提供合格的产品，还要求能够正常繁殖，扩大种群数量，建立适当规模的群体，才能生产更多的产品，获得更高的经济效益。养鹿的目的也是为了获得大量、合格的鹿产品，所以能否繁殖大量、健康后代也是选择养殖鹿种的一个主要根据。目前人工驯养培育的梅花鹿、马鹿繁殖性能均已在科学资料中显示，品种 / 系间还是有着一定的差异的，但是繁殖是否成功不仅跟繁殖性能有关，还受到营养饲料、饲养管理水平、疾病防控等多方面因素共同作用的影响。所以选择养殖鹿的品种时，也要对不同品种的繁殖性能做好评估。

（三）生产性能

目前我国养鹿主要是为了获得鹿茸，所以生产性能说的就是产茸性能。不同品种鹿产茸性能不同，这既包括鹿茸产量，也包括初产时间、达到高产所需时间、高产维持时间等。综合对比以上数据就会对各鹿种间生产性能有个总体分析结果，再结合自身鹿场对生产性能的要求，是提前进入高产，还是维持较长的使用年限以及该品种生产二杠茸还是三权茸有优势，就能对养殖品种有所选择。另外，还可根据鹿茸价格、产量，评估养殖效益，综合考虑选择养殖梅花鹿、马鹿还是杂交鹿。

（四）抗应激能力

因为驯养历史比其他家畜短，又多圈养在四周高墙的圈舍内，鹿的野性即应激性比其他家畜都强。应激性强会直接导致鹿胆小、易惊，一有惊动就会在圈内乱跑，极易导致身体外伤或鹿茸损伤。性格温顺、抗应激性强的鹿种在饲养和管理中的优势是明显的，也是选种的主要目标。当然除了考虑该品种本身的抗应激性特征外，目的引种场的管理水平也是引种时的重要考量。管理到位，鹿只体况好，人鹿亲和力强，鹿不怕人，不易受惊，引回场后各方面饲养管理均便于开展、实施。

（五）抗 病 性

鹿可能感染的疾病有数十种，因为鹿的驯养历史短、养殖量少、品种（系）有限，目前并未发现抗病性显著优于其他品种（系）的品种（系）。所以养殖其他动物时很重要的抗病性，在鹿的驯养品种选择时可暂不考虑，如今后培育出特定优势品种，则一定会成为该品种推广、扩繁的有力推手。

二、梅花鹿品种概述

为获得高产、繁殖率高、利用年限长的鹿种，我国养鹿工作者进行了长期的育种工作。已经培育成功多个梅花鹿品种，另有几个品种（系）的培育工作正在进行，成功后必将极大地促进我国鹿产业的快速增长。

（一）双阳梅花鹿

是以双阳三鹿场为核心，历经 21 年（1965—1986 年）的大群闭锁繁育，于 1986 年通过品种鉴定，定名为双阳梅花鹿。双阳梅花鹿是中国也是世界首次育成的第一个鹿类动物培育品种，其主要特征和优势如下。

1. 外貌特征　体形中等，四肢较短，胸部宽深，腹围较大，背腰平直，尾长臀圆，全身结构结实紧凑，头呈楔形，轮廓清晰。毛色为棕红色或棕黄色，梅花斑点大而稀疏，背线不明显，臀斑边缘生有黑色毛圈，内生洁白长毛，略呈方形。喉斑较小，腹下和四肢内侧背毛较长，呈白色。冬毛密长，呈灰褐色，梅花斑点隐约可见。公鹿体躯长方形，额宽平，角基粗壮，向上方伸展，主干弯曲度小，茸质松嫩。成年公鹿体高 106 厘米，体长 108 厘米，体重 100～150 千克，4.5 岁达到体成熟；母鹿后躯发达，头清秀，成年母鹿体高 91 厘米，体长 98 厘米，体重 68～81 千克，3.5 岁达到体成熟（图 3-1）。

图 3-1　双阳梅花鹿　（引自《中国畜禽遗传资源志——特种畜禽志》）

2. 产茸性能　成年公鹿鲜茸平均单产为 3.0 千克，冠军鹿产量达 15.0 千克，比其他类型梅花鹿平均产量高 25%～30%，鹿茸支条大，质地嫩，70% 以上属一二等。2 岁公鹿即可生产部分高档二杠茸，还能生产一部分三杈茸，三杈率约占 18%，平均单产 522 克（干茸）。3 岁公鹿大部或全部能够产高档三杈茸。据郑兴涛（1989—1991 年）对茸重的表型参数的统计分析表明，

4～9岁双阳梅花鹿公鹿的鲜茸单产达 3.390～4.214 千克，生茸的最佳期为 5～9 岁。鲜茸单产 2.924 千克，茸料比 6.156 克 / 千克（2924 克 /475 千克）。公鹿产茸利用年限为 10 年。

3. 繁殖性能 性成熟较早，80% 以上育成母鹿 16 月龄时即达性成熟，与经产母鹿同期参加配种，翌年 5 月中旬产仔，6 月末基本结束产仔。成年母鹿繁殖成活率 82%，母鹿繁殖利用年限为 10 年。

4. 遗传稳定性 由于双阳梅花鹿育种是通过地方类型选育的途径，长期大群闭锁繁育的方法，又以鹿茸高产作为选种的主要条件，因此双阳梅花鹿的产茸性状有较高的遗传稳定性。双阳梅花鹿与其他类型梅花鹿进行杂交，杂交一代鹿初角茸和 2 岁鹿鹿茸平均产量均较原场同龄鹿平均单产有明显提高。

（二）四平梅花鹿

该品种是由吉林省四平市种鹿场历经28年（1973—2001 年）培育成功的新品种，于 2001 年通过品种鉴定。四平梅花鹿具有鲜茸重性状和茸形典型特征遗传性稳定，鹿茸优质率高，母鹿繁殖力高，生产利用年限长，驯化程度高，适应性和抗病性强等突出特点。目前主要饲养于吉林省四平市及其周围县区。

1. 外貌特征 体质紧凑结实；面颊稍长，额部较宽；眼大明亮有神；公鹿颈短粗，无肩峰，胸宽深，腹围大，背腰平直，臀圆丰满；角柄端正，角基不坐殿；茸主干粗短，嘴头粗壮上冲，呈元宝形，茸皮色泽光艳，呈红黄色。母鹿体型清秀，颈背侧有明显的黑线，后躯发达，乳房发育良好。公母鹿夏毛多为赤红色，少数为橘黄色，花斑整洁明显，背线明显；喉斑明显，多呈白色；臀斑明显，在周围有黑色毛圈。体型比其他梅花鹿品种略小。成年公鹿体高 102 厘米，体长 100 厘米，体重 130 千克；成年母鹿体高 89 厘米，体长 94 厘米，体重 80 千克（图 3-2）。

2. 繁殖性能 成年母鹿平均受胎率 94.2%，繁殖成活率

图 3-2 四平梅花鹿

87.2%，比全国平均水平的 70% 高出 17.2%。母鹿繁殖利用年限为 10 年。

3. 产茸性能 鹿茸主干粗短，嘴头粗壮上冲，茸质松嫩，多呈元宝形，鹿茸鲜重以及茸形性状具有很高的遗传力。2 岁（一锯）公鹿二杠鲜茸平均单产 1.05 千克。1994—2000 年 2 256 只 1～12 锯公鹿鲜茸平均单产 3.420 千克，茸料比 6.056 克 / 千克（3 270 克 /540 千克）。最佳产茸年龄为 9 岁（8 锯），三杈鲜茸平均产量为 3.940 千克。1999—2001 年三杈锯茸平均优质率 89.3%，二杠锯茸平均优质率 96.2%，畸形茸率在 10% 以下。公鹿生产利用年限为 10 年。

（三）东丰梅花鹿

培育过程与其他梅花鹿品种相同，体重体尺、遗传特性与其他梅花鹿品种相近。

1. 外貌特征 整体结构紧凑，四肢健壮，在背脊两旁和体侧下缘镶嵌有许多排列有序的白色斑点，状似梅花，在阳光下还会发出绚丽的光泽，背部有黑色条纹，体态优美。尤其是整个茸体粗壮上冲，茸形是三圆，也就是根部是圆的，整个挺是圆的，最顶端也是圆的，并且呈元宝状，而且整个鹿茸上的绒毛都很细，茸身呈红色，也就是行家们说的细毛红地（图 3-3）。

图 3-3　东丰梅花鹿

2. 繁殖性能　母性强，温顺，繁殖成活率达 80% 以上。

3. 产茸性能　成年梅花鹿年产鲜鹿茸量可高达 5 千克，产茸最好的阶段为 3～8 年。

（四）敖东梅花鹿

由吉林省敖东药业集团股份有限公司鹿场经过多年科学培育，于 2001 年通过品种鉴定，目前养殖数量 4 000 余只。

1. 外貌特征　体形中等，体质结实；体躯粗圆，胸宽深，腹围大，背腰平直，臀丰满，无肩峰，四肢较短；头方正，额宽平、颈粗短；公鹿角基距较宽，角基围中等，角柄低而向外倾斜。夏毛多呈浅赤褐色，梅花斑点大小适中，臀斑明显，背线和喉斑不明显；成年公鹿体高 104 厘米，体长 105 厘米，体重 115～135 千克；成年母鹿体高 91 厘米，体长 94 厘米，体重 66～78 千克（图 3-4）。

2. 繁殖性能　繁殖力高，遗传性能稳定。母鹿 16 月龄性成熟，受胎率 97.5%，产仔率 94.6%，产仔成活率 88.68%，繁殖成活率 82.5% 以上。母鹿生产利用年限平均 5.8 年。

3. 产茸性能　茸主干较圆，粗细上下均匀，嘴头粗长肥大，眉枝短而较粗，茸色纯正，细毛红底。鹿茸重性状的遗传力为 0.36，茸重性状的重复力为 0.58，平均单产成品干茸 1.21 千克以上。

图 3-4　敖东梅花鹿

鲜茸与干茸比为 2.76∶1，茸的畸形率低于 12.5%，成品茸优质率（二杠茸、三杈茸）占 80% 以上。公鹿生产利用年限平均 7 年。

（五）西丰梅花鹿

该品种是以西丰县育才鹿场为核心，历经 21 年（1974—1995 年）选育，于 1995 通过辽宁省鉴定，2010 年通过国家品种资源委员会审定。其成品茸平均单产达 1.25 千克。现主要分布于辽宁省西丰县境内，部分鹿只已被引种到全国各地。

1. 外貌特征　体型中等，有肩峰，裆宽，胸、腹围大，腹部略下垂，背宽平，臀圆，尾较长，四肢较短而粗壮；头方额宽，眼大，短嘴巴，大嘴叉；母鹿具有明显的黑眼圈，黑嘴巴，黑鼻梁特征。公鹿角基周正，角基间距宽，角基较细略高，茸主干和嘴头部分粗壮肥大，大部分鹿的眉枝较短；眉间距很大，茸毛杏黄色；耳较小；夏毛多呈浅橘黄色，少数鹿的被毛橘红色，背线不明显，花斑大而鲜艳，四肢内侧和腹下被毛均呈乳黄色；公鹿冬毛有灰褐色髯毛（图 3-5）。

2. 繁殖性能　繁殖成活率 72% 左右，比双阳梅花鹿略低。母鹿繁殖利用年限为 10 年。

图 3-5　西丰梅花鹿

3. 产茸性能　鹿茸支头大而肥嫩，据统计，成年公鹿 1～10 锯鲜茸平均单产达 3.060 千克，茸料比为 5.572 克/千克（3 060 克/532 千克），成品茸平均单产达 1.203 千克。西丰梅花鹿具有经济早熟性，2～4 岁公鹿鹿茸三权率依次为 85.2%、96.9%、99.3%；头茬鲜茸平均产量依次为 1.290 千克/付、2.111 千克/付、2.763 千克/付。公鹿产茸利用年限为 10 年。

（六）兴凯湖梅花鹿

主要饲养在黑龙江省最大的梅花鹿饲养场——兴凯湖养鹿场，2003 年经过品种鉴定，目前存栏数约 1 500 只。

1. 外貌特征　有俄罗斯梅花鹿血统，与其他品种梅花鹿比较，具有体躯高大、骨骼坚实、肌肉丰满、四肢强健发达等特点。其显著特征是：头方正，额宽平，角柄粗圆端正，颈部粗壮，胸部宽厚，臀部肌肉丰满。成年公鹿平均体重 135 千克。毛色鲜艳，夏季被毛呈棕红色，冬季被毛呈浅棕色。体侧梅花斑点大而清晰，部分梅花鹿有明显的黄色背线，臀斑呈桃形（图 3-6）。

2. 繁殖性能　具有较高的繁殖力，育成母鹿 16 月龄参加配种，母鹿繁殖成活率达 90% 以上。

3. 产茸性能　茸形匀称、美观，主干粗长，鹿茸枝头肥大松嫩。成年公鹿平均单产干茸 1.2 千克以上，最高产量达 5 千克以上，生产利用年限可达 15 年。

图 3-6 兴凯湖梅花鹿

三、马鹿品种概述

（一）东北马鹿

东北马鹿是人们对我国东北及内蒙古自治区捕获的野生马鹿人工驯养、繁育的后代及目前在黑龙江、吉林、内蒙古自治区东部分布的野生马鹿的统称。

1. 外貌特征 体型较大，属大型茸用鹿，成年公鹿肩高 130～140 厘米，体长 125～135 厘米，体重 230～320 千克；成年母鹿肩高 115～130 厘米，体长 118～123 厘米，体重 160～200 千克。东北马鹿眶下腺发达，泪窝明显，四肢较长，后肢及蹄部较发达，利于东北马鹿奔跑、弹跳。夏季东北马鹿毛发呈红棕色或栗色，冬季则换成灰褐色、浓厚的冬毛，臀斑边缘整齐、界限分明、颜色夏深（棕色）冬浅（黄色）。相对于其较大的体型，其尾扁平且短，尾端钝圆，尾毛短、色同臀斑，多数鹿只具有明显的黑色背线。仔鹿初生时体两侧有白色斑点，除体型较梅花鹿仔鹿高大外，与梅花鹿差异不明显，但随着生长发育仔马鹿身上白斑渐渐消失（图3-7）。

图3-7　东北马鹿

2. 产茸性能　茸型粗大，肥嫩，茸毛密长，多为灰色，也有浅黄色，虽然也属"青毛茸"但茸色总体上为浅色调。小公鹿9～10月龄即开始生长初角茸，通过破桃法（在初角茸刚刚发生时即割去顶端），可收获1.0～2.0千克甚至更多的鲜茸；1～10锯马鹿平均产鲜三杈茸3.2千克，1～14锯马鹿鲜四杈茸平均较三杈提高33%以上。东北马鹿茸多为双门桩，仅有一个眉枝的单门桩鹿茸比例较低，眉枝与主干几乎成直角，主干较长、后倾，鹿角多分生5～6杈；东北马鹿四杈鹿茸嘴头较小，另有一些鹿茸呈不规则的掌状和铲形。公鹿利用年限多达15年。

3. 繁殖性能　16月龄育成母鹿已有部分达到性成熟，能发情受配，28月龄母鹿发情受配率达到65%，3岁开始为适配年龄，繁殖利用年限1～20岁，但最佳繁殖年限在2～13岁，本交繁殖成活率47.30%。公鹿16月龄性成熟，配种适龄3～5岁，繁殖年龄1～17岁，但在人工养殖条件下，只有通过选种的优秀种公鹿才能参加配种，所以普通生产公鹿繁殖性能数据多属空白。

4. 遗传特性　锯三杈茸鲜重遗传力的估测结果为0.37～0.38，属高遗传力，表明对产茸性状完全可以进行个体表型选择，并可预测以后的产茸量。因其遗传稳定且适应性强、耐粗饲、鹿茸产量高、品质优秀，所以在茸鹿育种工作中作为母本与双阳梅花鹿或天山马鹿杂交，其杂种优势显著。

（二）天山马鹿

天山马鹿是人们对我国新疆天山山脉野生马鹿及捕获的野生马鹿人工驯养、繁育的后代的统称。野生天山马鹿主要分布在天山山脉，目前不足万头，属国家二类保护动物；人工驯化家养的天山马鹿主产区在新疆巴音布鲁克大草原，伊犁哈萨克自治州察布查尔锡伯自治县、伊宁市、伊宁县，另在昭苏、特克斯、巩留等县有少量的分布。与东北马鹿相比，天山马鹿更加温驯、耐粗饲、适应能力也更强。

1. 外貌特征　体型较大，属大型茸用鹿，成年公鹿肩高 130～140 厘米，体长 130～150 厘米，体重 240～330 千克；成年母鹿肩高 120～125 厘米，体长 130～140 厘米，体重 160～200 千克。天山马鹿体粗壮、胸深、胸（腹）围较大、额宽头大、泪窝明显，四肢强健。夏毛深灰色，冬季则换成浅灰色、浓厚的冬毛，颈部髯毛、鬣毛长而浓密。在颈部和背部有色泽深浅不一灰黑色区域分布，臀斑呈白色或浅黄色近菱形。天山马鹿仔鹿初生时体两侧也有与梅花鹿相近的白色斑点，但随着生长发育仔鹿身上白斑渐渐消失（图 3-8）。

2. 产茸性能　茸型粗大，肥嫩，茸毛密长，多为灰色或灰黑色，属典型的"青毛茸"，与东北马鹿相比，天山马鹿鹿茸产量更高。小公鹿 9～10 月龄即开始生长初角茸，通过破桃法（在初角茸刚刚发生时即进行割去顶端），可收获 1.5～2.5 千克甚至更高产量的鲜茸；1～9 锯天山马鹿鲜三杈茸平均产量为 5.3 千克，产茸最佳年限在 4～14 锯，部分壮年天山马鹿鲜四杈茸单产达 12.5～16.5 千克。天山马鹿茸多为双门桩，但在头锯、二锯时仅有一个眉枝的单门桩鹿茸比例较高，天山马鹿鹿角多为 7～8 杈，主干、眉枝、嘴头均很粗壮，眉枝距角基较近并向前

图 3-8　天山马鹿

弯伸；此外，与东北马鹿茸相比天山马鹿四杈鹿茸嘴头粗长，茸型不规则的掌状和铲形的比例更高。

3. 繁殖性能　雌性天山马鹿在 28 月龄达到性成熟，在每年的 9 至 11 月发情配种，次年 4 至 7 月产仔，妊娠期约 250 天，每胎产一只，偶有双胎。初生雄性仔鹿体重在 16.0 ± 1.0 千克，雌性仔鹿体重为 13.5 ± 1.5 千克。原产地本交繁殖成活率为 40%～50%，引入东北地区后，繁殖成活率可达 60% 有很大提高。公鹿 36 月龄达到性成熟，配种适龄 3～10 岁，繁殖年龄 2～12 岁，但在人工养殖条件下，只有通过选种的优秀种公鹿才能参加配种，所以普通生产公鹿繁殖性能数据多属空白。

4. 遗传特性　在体型、鹿茸产量等方面遗传稳定，实践表明完全可以通过个体表型选择种鹿的产茸性状，并对其后代产茸量进行估测。因其产量高、品质优良、耐粗饲等特点，在马鹿育种和杂交育种工作中，常被用作关键性血缘，目前国内有多地已经引进天山马鹿进行适应性养殖和繁育工作。

（三）塔里木马鹿

塔里木马鹿又称叶尔羌马鹿，俗称塔河马鹿、南疆马鹿、南疆小白鹿等，养殖区域主要集中在新疆的南疆地区的博斯腾湖沿岸、孔雀河和塔里木河流域，已经由新疆生产建设兵团农二师培育成为"塔里木马鹿"品种，属体型较小的马鹿品种。

1. 外貌特征　成年公鹿体高116～138厘米，体长118～138厘米，体重232～280千克；成年母鹿体高108～125厘米，体长112～132厘米，体重195～221千克。塔里木马鹿体型紧凑结实，头清秀，鼻梁微突，眼大机警，眼虹膜黑色，耳尖，肩峰明显。夏季塔里木马鹿毛发呈沙褐色，冬季则换成沙灰色或灰白色臀斑灰白色，周围有黑色边界。长有明显的黑色背线（图3-9）。

图3-9　塔里木马鹿

2. 产茸性能　多收三杈茸，茸型圆润粗壮、嘴头肥大、质地肥嫩，茸型规则，茸毛呈灰褐色、较短。成年公鹿1～13锯三杈鲜茸产量平均为6.56千克，最佳产茸时期为4～9锯。有记录显示高产种公鹿头茬鲜鹿茸达16.25千克，再生鲜茸达11.47千克。塔里木马鹿鹿角为6～8杈。

3. 繁殖性能　繁殖力强，16月龄育成母鹿即进入初情期。

生产利用年龄在 3~14 岁，最高可达到 17 岁。每年的 9 至 11 月为发情交配期，翌年 4 至 7 月为产仔期，妊娠期约 250 天，多为单胎，偶有双胎。雄性仔鹿初生重为 10.25±1.3 千克，雌性仔鹿初生重为 9.9±0.9 千克。进入繁殖盛期的母鹿产仔率达到 80% 以上，仔鹿成活率也高达 83.9%，繁殖成活率为 74%。公鹿 18~28 月龄达到性成熟，24~36 月龄达到体成熟，公鹿一般在 36 个月龄参加配种。母鹿利用年限可达 8~9 岁，公鹿利用年限一般在 10 岁前。

4. 遗传特性 原生地环境特殊，形成了其高度特化的特点，这些特点能够稳定遗传，有的利于生产，有的却形成新的问题。例如：在原产地塔里木马鹿纯繁育种价值较高，但是引种到外地后适应性差，抗病力弱，所以纯繁的意义不大。但是应用塔里木马鹿公鹿与东北梅花鹿杂交，能够获得较明显的杂种优势，在新疆应用塔里木马鹿与天山马鹿杂交，后代生产性能更高，经济效益显著。

（四）清原马鹿

清原马鹿又称为天山马鹿清原品系，是天山马鹿引入辽宁省清原县后，经过 30 年（1972—2002 年）连续 4 个阶段的系统选育，于 2002 年 12 月通过国家级品种审定委员会鉴定的马鹿品种，其主要经济技术指标达到国际领先水平，并被列入国际上畜牧业 520 多个畜禽品种之一。

1. 外貌特征 体型较原产地大，成年公鹿肩高 145 厘米，体重 220~340 千克；成年母鹿肩高 145 厘米，体重 170~250 千克；公仔鹿平均初生重 16.2 千克；母仔鹿平均初生重 13.5 千克。清原马鹿体质结实，结构紧凑，体躯粗圆，较长，背腰平直，四肢粗壮。公鹿额宽，角基距宽，角柄周正。公、母鹿的夏毛，背侧、体侧为棕灰色，头部、颈部和四肢呈明显的深灰色，颈上和背上有明显的黑色背线。成年公鹿的臀斑为浅橘黄色，成年母鹿的臀斑为黄白色，臀斑周缘呈黑褐色。冬季颈毛发达，有较长的黑灰色鬃毛（图3-10）。

图3-10　清原马鹿

2. 产茸性能　茸型粗大，肥嫩，茸毛密长，多为灰黑色，产茸量居国内外之首。鹿茸优质率（一、二等茸）高达93%，上锯公鹿四杈率占40%。1995—2002年5 587只1～15锯鲜茸平均单产为8.60千克，比选育前高3.2倍，比原产地新疆天山马鹿的产茸量高45.8%。鲜茸茸料比为12.894克/千克（8 600克/667千克）。成品茸平均单产3.1千克，鹿茸鲜、干比为2.77/1.00，高于东北马鹿茸的2.55/1.00和乌兰坝马鹿茸的2.51/1.00，四杈茸中段灰分含量为34.1%，低于东北梅花鹿茸的36.3%。

鹿茸粗蛋白质含量（63.71%）和氨基酸含量（39.61%），高于东北马鹿茸的57.63%、30.06%和东天杂交马鹿F_1的60.05%、39.13%。公鹿生产利用年限平均15年。

3. 繁殖性能　公鹿16月龄达到性成熟，配种适龄3～5岁，繁殖年龄1～17岁。母鹿15～16月龄达到性成熟，配种适龄2～3岁，繁殖利用年限1～20岁，繁殖最佳年龄1～13岁，本交繁殖成活率为68%。

4. 遗传特性　鹿茸重性状的遗传基础已基本趋于一致和稳

定。锯三杈锯茸鲜重遗传力的估测结果为 0.37，属高遗传力；锯四杈鲜茸重重复力的估测结果为 0.75，属高重复力，表明对产茸性状完全可以进行个体表型选择，并可预测以后的产茸量。

四、种鹿的选择

选种的实质就是"选优去劣、优中选优"的过程。种鹿的选择，是从品质优良的个体中精选出最优个体，即是"优中选优"，而对种鹿进行严格的普查鉴定、评定等级，同时及时淘汰劣等，则又是"选优去劣"的过程。

（一）种公鹿的选择

公鹿是鹿茸产品的直接生产者，它的优劣对后代有着重要的影响，因而，必须特别注意公鹿的选择。评定公鹿的种用价值，应根据稳定的遗传性、生产能力、体质外貌等方面的表现综合考虑。

1. 遗传性 选择双亲生产能力高、体质强健、体形优美、耐粗饲、适应性强、抗病力强、遗传力强的后代作为种用，结合对种公鹿的后代进行考核，掌握其遗传性能，以利于充分发挥优良种鹿种用价值，扩大优质高产的育种群。

2. 生产能力 公鹿的鹿茸产量、茸形角向、茸皮光泽毛地及产肉量等，都应作为选择种公鹿的重要条件。鹿场应依据本场鹿种的特征特性、类群的生产水平和公鹿头数，从鹿群中选择高产茸质量好的公鹿作为种用公鹿。种公鹿的产茸量应比本场同年龄公鹿的平均单产量高 20%～35%。

3. 年龄 以 3～7 岁的成年公鹿群作为选种的主要基础，将经过系统选择后裔鉴定选出的优良种公鹿，在不影响其本身健康和茸产量的前提下，应尽量利用其配种效能，以获得更多的优良后代。一般可适当延长配种利用年限 1～2 年。

4. 体质与外貌　种公鹿必须具有本品种的典型特征和明显的雄性，表现为精力充沛，强壮雄悍，性欲旺盛。

（二）种母鹿的选择

母鹿的好坏对后代生产性能的影响是不可低估的，因此，在重视选择种公鹿的同时，不可轻视种母鹿的选择。选择好母鹿对于提高繁殖力，增加鹿群数量和质量，提高后代的生产性能都是至关重要的。种母鹿的选择主要从以下几个方面综合考虑。

1. 年龄　选择4～9岁的壮龄母鹿做种母鹿。

2. 体质　理想的母鹿应体质结实、健康，营养良好，具有良好的繁殖体况。

3. 繁殖力　良好的母鹿还应性情温顺，母性强，发情、排卵、妊娠和分娩功能正常，泌乳量大，繁殖力高，无难产或流产记录。

4. 外貌形态　外形优美，结构匀称，品种特征明显，躯体宽深，身躯发达；腰角及荐部宽，乳房和乳头发育良好，位置端正，四肢粗壮，皮肤紧凑，被毛光亮，后躯发达。

（三）后备种鹿的选择

在繁殖育种上，后备种鹿必须来自生长发育、生产力良好的公母鹿的后代中选择。

1. 外部形态　优良的种用后备鹿应体态端正、结构匀称、四肢粗壮，皮肤紧凑，被毛光亮，后躯发达。

2. 生长发育　应选择生长发育快、健康、活泼好动，反应敏锐，抗病力和适应性强的后备鹿。

3. 茸的长势　仔公鹿出生后第二年就开始生长出初角茸，且茸形好，长势迅猛，角柄粗短。

4. 生殖器官　公母鹿的生殖器官发育正常，母鹿的乳房和乳头发育良好，位置端正，公鹿的睾丸左右对称，大小一致。

五、鹿的运输

随着养鹿事业的发展，鹿的引种、商调等工作日益频繁，安全运输就显得特别重要。因为，运输暂时改变了鹿的生活环境，如活动范围窄小、拥挤、颠簸摇晃、热、严寒、采食饮水、反刍休息不规律等，这些变化会成为应激源，使鹿产生应激反应，轻者发病，重者死亡。因此，研究运输技术，改善运输管理，是养鹿生产上的重要课题。

（一）相关证明

应对运输鹿进行检疫，并由相关部门开具检疫证明。

鹿出县境运输时，应佩戴省、自治区、直辖市人民政府野生动物保护主管部门核发的专用标识。

（二）运输方法

1. 汽车运输　按车厢的长宽用铁筋做一个高 150～160 厘米的大型固定运笼，若带有活动腰隔的更好。车厢板以上的笼壁留 4～5 厘米宽的缝，车厢底铺上草袋子、草垫子等防滑吸湿物。后箱板留有 60～80 厘米宽的拉门或抽门，然后再用大布把整个笼体罩上，前后要留有通风和察看的空隙，用粗麻绳或尼龙绳绑好。

运输量大时可按鹿种、性别、年龄分别装车，运输量不大时可以混装。装载鹿只数：每台车厢面积 10 米^2 的载重汽车大约可装成年梅花公鹿 15 只，母鹿 20 只，幼鹿 30 只，成年马鹿 10 只，幼鹿 20 只。装车前把汽车后厢板打开放下，将车笼后门与赶鹿通道对严，并且汽车要停止发动。汽车与通道的衔接方法可以采取搭一段斜梯的方法进行，也可以将车停在坑中，使鹿平行进入车厢。鹿群被赶入运笼后要关严锁好，即可启程。

当天到达，中途可不必喂饮。运输时间超过 1 天以上，每天至少饮水 3 次，并投给白菜、胡萝卜、大萝卜（切片）、树叶等青粗饲料。第一天成鹿不适应环境，可不喂饲料只给饮水，第二天开始正常采食。仔鹿当天就能采食。投料在车的前后部，使鹿尾对尾采食，以免饲料被践踏。

车速不宜太快，汽车在经过坡路、岔路、不平坦的路面时应缓行，避免急刹车、急转弯，防止鹿只滑倒撞伤。途中休息时须将车停放在较僻静的场所，禁止外人扒车观看惊扰鹿群，押运人员应多次查看运输笼和观察鹿的精神状态和饮食情况，一般争取歇人不歇车，昼夜兼程，尽早到达。

到达目的地后，从车上往下赶鹿前，笼门要对准走廊或圈门，并应在车下铺垫 0.5 米厚的垫草等以防伤鹿。打开笼门和车的后厢板后不要急于轰赶，任其自由跳出为好。

2. 短途赶运 对有良好驯化基础、经常进行放牧的鹿群，在路途较近时，可以采用直接赶运的办法，其成功程度与驯化程度有关。我国已有将鹿群赶上火车，驱赶 15 千米以上的例子。

赶运的季节最好选在初春或秋末，赶运时间应从晴朗天气的清晨开始，最好中午到达，所以出发时间应视路途远近适当调整，事先要查清楚线路和沿途情况，途中不要穿过村庄，更不可经过疫区，在赶运前应合群放牧 3～5 天，使鹿熟悉沿途的情况。

赶运时可比平时放牧多 1 倍的人，行走速度不宜太快，边放牧边游走，在有水的地方可选择僻静处围牧休息一段时间，接近目的地时要有人迎接。对个别离群逃跑的鹿要由专人护送到原地，以免丢失。

（三）运鹿的注意事项

鹿在运输过程中通常应注意以下几个问题。

①鹿运输前要经过当地检疫部门严格检疫，检验合格后，方可持检疫证运输。

②非淘汰鹿不应在生茸期、产仔哺乳期、配种期及母鹿妊娠后期运输，运输时间最好选在 8 月份和 11 月份至翌年 2 月份，要尽量避开炎热的夏天。

③运鹿前 1 周应加强饲养管理和调教驯化工作，逐步过渡到运输饲养方式，以适应途中的条件。如不同圈舍的公鹿同车运输，1 周前应混群饲养，以免在车上发生顶斗导致伤亡。

④运输的箱笼要坚固，内壁光滑，无突出物，应特别注意防暑、防寒、防滑、防鹿逃跑或伤亡。要保证卫生，既要通风又要避光。装运密度不宜过大，不论汽车或火车运输，以鹿卧下后不拥挤为度。所占面积是：梅花鹿公鹿为 0.7～1.0 米^2/头，母鹿为 0.6～0.8 米^2/头，育成鹿 0.4～0.5 米^2/头；马鹿公鹿为 1.5～2.0 米^2/头，母鹿为 1.3～1.6 米^2/头，育成鹿为 0.8～1.0 米^2/头。

⑤装车时对鹿不要驱赶太急。采用麻醉药物保定装车时应在其空腹时进行，保护被麻倒鹿的头部，将其头抬起，切忌下控，确保安全。

⑥老、弱、瘦鹿不宜长途运输；不同鹿别和性别、不同体况的鹿一般不应同车混运，若同车运输时，最好相互隔开。

⑦运输途中要特别注意饮喂和管理。要适时补饲和保证充足的饮水，如果运输时间较短，在 1 天以内，可不喂精饲料，可给足够的粗饲料和青绿多汁饲料，途中停车时给足够的饮水；如果运输时间在 2 天以上时，要贮备充足的优质饲料，主要是精饲料和块根类多汁饲料及粗饲料，备足饮水。精饲料一次不可喂给太多。行车要避免急刹车和急转弯。

⑧在到达运输目的地后要供给足够的饮水和质量良好的粗饲料，精饲料不要急于增加，经 10 天左右的时间逐渐加到正常喂量。

（四）长途运输死亡原因及预防

1. 死亡原因

（1）**热射病死亡** 热射病也叫中暑，是鹿长途运输死亡的主要原因。所谓热射病是因鹿体周围温度过高而影响鹿自身的热量散发、体热积聚，使中枢系统受到侵害，血管中枢和呼吸中枢麻痹而死亡。

发生热射病的原因是鹿的密度过大，加上运鹿箱笼封闭较严、通风不良造成的。如果天气热、空气湿度大，尤其是装车时鹿被驱赶的时间过长，会加速热射病的发生。

热射病的症状是，鹿初期兴奋，继而精神沉郁，站立不稳，大量出汗，心跳加快，体表血管怒张，张口伸舌，呼吸加快，体温达到40～42℃时全身颤抖而死亡。

（2）**内脏破裂而死亡** 在运鹿过程中，因车底板无防滑措施，行驶途中路面不平，车速快急刹车，急转弯导致鹿只滑倒，被其他鹿踏破内脏而死亡，也是鹿运输死亡的重要原因。

（3）**体弱多病死亡** 幼小、体弱多病的鹿，由于环境改变、颠簸等应激，加上饮喂不周而死亡；或因为弱、小、瘦，体质本来差，采食能力亦差，体质加速下降，易疲劳，往往先卧下休息，被壮鹿踏伤、压死，尤其在运输空间过小时更易发生。

（4）**饮喂管理不当死亡** 这类死亡较少发生。但由于饲料贮备不足、饮水不及时，鹿处于饥渴状态，即使途中不死也影响健康。

（5）**意外死亡** 如感染传染病、交通事故、箱笼不坚固跑鹿、剧烈碰撞等造成死亡。

2. 预防措施

（1）**装车密度不宜过大** 无论汽车、火车运输，均以鹿卧下不拥挤为度。如果是单体箱笼运输的话，安全性较大，但箱笼造价虽较高。

运鹿时间最好选在晚秋或初冬的10至11月或早春3至4月，尽量避开炎热的夏天。如果在夏天运输，车篷要加厚以防热，车内既要通风又要避光，装鹿时不要驱赶太急。

一旦发生热射病，要将车停在通风的阴凉处，往鹿头上、身上浇凉水，有条件时用凉水灌肠，注射兴奋剂，有肺水肿时可静脉泄血。

（2）车辆箱笼要坚固　箱笼内壁光滑，无突出物，通风良好。地板可铺上木板、草袋子或锯末，再铺草袋子等防滑物。行车要避免急刹车和急转弯。老弱病瘦鹿不宜长途运输。不同年龄、性别、种类和体况的鹿不应同车运输，如同车运输也应隔开。

（3）注意饮喂　鹿在运输过程中饮食休息受到很大影响，尤其是成年鹿已形成饮水采食的习惯，受影响更大。因为途中所购买的饲料不一定是鹿习惯的饲料，易影响鹿的正常消化与健康，所以最好从原场带足饲料。

（4）提前混养　如不同年龄的公鹿同车运输，1周前应混群饲养，以免在车上顶斗发生伤亡。

六、鹿群的隔离饲养

种鹿引进之后，要在鹿场的隔离圈舍中饲养30天，观察是否有传染病或其他疾病的发生，如有发病应及时诊治。确定无疫病后方可转入日常饲养的圈舍。

到达鹿场后要供给足够的饮水和质量良好的粗饲料，精饲料不要急于增加，经10天左右逐渐加到正常的饲喂量。

第四章
鹿营养需要与饲料调制

　　鹿是反刍动物，应结合其生理特征和营养需要，科学搭配饲料。营养物质对鹿的作用各异，不同饲料提供的营养物质也不尽相同。营养需要受到品种、性别、年龄、生理阶段以及环境、管理的影响而有所不同，所以明确营养物质的作用，合理配制饲料，才能满足鹿的营养需要，为实现鹿最佳生产性能提供保证。另外，各种饲料营养含量不同，价格相差很大，选择价格适宜，品种多样，适口性好的饲料进行科学搭配，才是降低成本、提高经济效益的保障。

一、鹿营养需要

（一）常规营养物质及需要

　　1. 蛋白质　饲料蛋白质指的是粗蛋白质（CP），是饲料原料中氮含量乘以 6.25 换算得来的。粗蛋白质包括真蛋白和非蛋白氮（NPN）两部分。蛋白质是构成机体和生命的重要物质基础，是构成鹿机体细胞、组织的重要成分，起着重要的生理作用。

　　2. 碳水化合物　碳水化合物主要由碳、氢、氧 3 种元素组成，其中氢原子和氧原子的比例为 2∶1，与水的氢氧比例相同，所以被称为碳水化合物。也有少数碳水化合物中含有氮、硫等其他元素。碳水化合物在鹿体内转化后，为鹿机体活动提供比例极高的能量。植物是鹿的主要饲料，碳水化合物又是植物体的主要成分，所以碳水化合物对鹿的营养作用十分重要。

3. 脂肪 脂肪是一类物质的总称，通常指的是长链脂肪酸（FAs）含量高的一类化合物，包括甘油三酯、磷脂、未酯化脂肪酸及长链脂肪酸盐。脂肪的典型意义在于提高饲料的能量浓度，饲料中添加脂肪还有其他潜在的好处，如促进脂溶性营养物质吸收和降低饲料粉尘等。饲料与鹿体内均含有脂肪，根据结构不同可分为真脂肪和类脂肪两大类。真脂肪是由脂肪酸和甘油结合而成；类脂肪由脂肪酸、甘油和其他含氮化合物结合而成。根据脂肪中氢原子的多少，又分为饱和脂肪酸与不饱和脂肪酸两类。

4. 能量 能量可理解为做功的能。动物所有的活动，如呼吸、心跳、血液循环、肌肉活动、神经活动、生长发育、生产产品等都需要能量。这些能量主要来源于由饲料提供的三大养料蛋白质、碳水化合物、脂肪在体内氧化释放出的化学能。

5. 钙、磷 钙是鹿体内最丰富的矿物质元素，成年鹿体内约98%的钙以羟基磷灰石的形式存在于骨骼和牙齿中，仅有少量的钙以离子形式存在于软组织和细胞外液中。仔鹿生长期钙在其骨内有着强烈的沉积，公鹿生茸期、鹿角骨化时对钙的需求均比平常时期要高，母鹿因为妊娠和泌乳要消耗大量钙质。钙还以离子形式在身体内存在，影响着毛细血管壁、细胞膜的通透性及神经的兴奋性，当体液中的钙离子浓度下降时肌肉神经即会发生震颤甚至痉挛；钙离子还是许多酶原或酶的激动剂，缺乏时会影响凝血酶原活性，导致凝血功能受影响及与消化相关的胰淀粉酶活性。

在动物必需矿物质中，磷的含量也很大，其中约80%的磷以羟基磷灰石的形式存在于骨骼和牙齿中，其余则以有机磷形式存在血球中，另有极少数以无机磷形式存在于血浆中。除影响骨骼生成外，磷还以高能磷酸根形式参与多种物质代谢，并以高能磷酸键形式为机体贮存能量。

6.梅花鹿常规营养需要　仔鹿每头每天常规营养需要见表4-1。

表4-1　仔鹿常规营养需要

月龄	平均体重（千克）		干物质采食量（千克）	总能（兆焦）
	公	母		
1～3	10	8	0.3～0.4	4.95～6.6
4	20	15	0.6～0.8	9.9～13.2
5	25	20	0.8～1.0	13.2～16.5
6	30	25	1.0～1.2	16.5～19.8
粗蛋白质（克）	可消化蛋白质（克）	钙（克）	磷（克）	食盐（克）
45.0～60.0	32.0～42.0	3.0～4.0	2.0～2.7	1.5～2.0
90.0～120.0	63.0～84.0	6.0～8.0	4.0～5.4	3.0～4.0
120.0～150.0	84.0～105.0	8.0～10.0	5.4～6.7	4.0～5.0
150.0～180.0	105.0～126.0	10.0～12.0	6.7～8.0	5.0～6.0

育成鹿每头每天常规营养需要见表4-2。

表4-2　育成鹿常规营养需要

月龄	平均体重（千克）		干物质采食量（千克）	总能（兆焦）
	公	母		
7～10	45	35	1.4～1.8	23.1～29.7
11～15	50	40	1.6～2.0	26.4～33.0
16～18	55	45	1.8～2.2	29.7～36.3
19～24	70	50	2.0～2.6	33.0～42.9
25～28	80	55	2.2～3.0	36.3～49.5
粗蛋白质（克）	可消化蛋白质（克）	钙（克）	磷（克）	食盐（克）
182.0～234.0	100.0～128.7	14.0～18.0	9.3～12.0	7.0～9.0
224.0～280.0	123.2～154.0	16.0～20.0	10.7～13.3	8.0～10.0
234.0～286.0	128.7～157.3	18.0～22.0	12.0～14.6	9.0～11.0
280.0～364.0	154.0～200.2	20.0～26.0	13.3～17.3	10.0～13.0
286.0～390.0	157.3～214.5	22.0～30.0	14.6～20.0	11.0～15.0

成年母鹿每头每天常规营养需要见表4-3。

表4-3 成年母鹿常规营养需要

时期	平均体重（千克）	干物质采食量（千克）	总能（兆焦）	粗蛋白质（克）	可消化蛋白质（克）	钙（克）	磷（克）	食盐（克）
配种期	60	2.4	32.0～38.4	312.0	171.6	24.0	16.0	12.0
	65	2.6	38.4～41.6	338.0	185.9	26.0	17.3	13.0
	70	2.8	41.6～44.8	364.0	200.2	28.0	18.6	14.0
妊娠期	60	2.4	32.0～38.4	336.0	184.8	24.0	16.0	12.0
	65	2.6	38.4～41.6	364.0	200.2	26.0	17.3	13.0
	70	2.8	41.6～44.8	392.0	215.6	28.0	18.6	14.0
泌乳期	60	2.4	32.0～38.4	348.0	191.4	24.0	16.0	12.0
	65	2.6	38.4～41.6	377.0	207.4	26.0	17.3	13.0
	70	2.8	41.6～44.8	406.0	223.3	28.0	18.6	14.0

成年公鹿每头每天常规营养需要见表4-4。

表4-4 成年公鹿常规营养需要

时期	平均体重（千克）	干物质采食量（千克）	总能（兆焦）	粗蛋白质（克）	可消化蛋白质（克）	钙（克）	磷（克）	食盐（克）
配种期	100	2.0	32.2	240.0	132.0	20.0	13.3	10.0
	120	2.4	38.6	288.0	158.4	24.0	16.0	12.0
	130	2.6	41.9	312.0	171.6	26.0	17.3	13.0
恢复期	100	3.0	48.3	360.0	198.0	30.0	20.0	14.0
	120	3.6	58.0	432.0	237.6	36.0	24.0	16.5
	130	3.9	62.8	468.0	257.4	39.0	26.0	19.5
生茸期	100	3.8	61.2	532.0	292.6	38.0	25.4	19.0
	120	4.5	72.5	630.0	346.5	45.0	30.0	22.5
	130	4.9	78.9	686.0	377.3	49.0	32.7	24.5

（二）微量元素

1. 铁 动物体 70% 的铁在血红蛋白和肌红蛋白中，20% 左右以铁蛋白的形式在肝、脾、骨髓等组织中储存，其余的存在于细胞色素酶和多种氧化酶中。铁在体内的主要功能是作为氧的载体，如血红蛋白是运载氧和二氧化碳，肌红蛋白为缺氧条件下的肌肉提供氧，碳水化合物代谢酶活化因子，参与组成细胞色素氧化酶、过氧化物酶、过氧化氢酶、黄嘌呤氧化酶，催化各种生化反应。

2. 铜 缺铜时会影响动物正常的造血功能，当血铜低于 0.2 微克 / 毫升时可引起贫血，缩短红细胞的寿命，降低铁的吸收率与利用率；缺铜时血管弹性硬蛋白合成受阻、弹性降低，从而导致动物血管破裂死亡，缺铜时长骨外层很薄，骨畸形或骨折；鹿缺铜致使中枢神经髓鞘脱失，表现为"晃腰病"；缺铜时毛中含硫氨基酸代谢遭破坏，毛中角蛋白双硫基的合成受阻，毛生长缓慢，毛质脆弱。缺铜会使鹿免疫系统损伤，免疫力下降，鹿繁殖力降低。

3. 钴 动物体内钴分布很广，其中肝脏、肾脏、脾脏及胰腺中含量最高。钴是维生素 B_{12} 的重要组成成分，维生素 B_{12} 促进血红素的形成，在蛋白质、蛋氨酸和叶酸等代谢中起重要作用；钴是磷酸葡萄糖变位酶和精氨酸酶等的激活剂，与蛋白质和碳水化合物代谢有关。鹿瘤胃中微生物能利用钴合成维生素 B_{12}。

4. 锰 锰主要存在骨骼、肝、肾、脾、胰腺及垂体中，皮肤和肌肉中也有一定含量。锰是精氨酸、脯氨酸肽酶成分，还是肠肽酶、羧化酶等多种酶的激活剂，参与碳水化合物、脂类、蛋白质的代谢；参与硫酸软骨素的形成，并影响磷酸酶的活性，促进成骨；锰直接催化性激素前体，直接影响鹿繁殖性能。

5. 锌 鹿机体和组织细胞中都含有锌，肌肉、肝、前列腺、血液、精液中含量较高；锌还是碳酸酐酶、碱性磷酸酶、乳酸脱氢酶、羧肽酶等多种酶的组成成分和激活剂；此外锌还是胰岛素的组成成分，参与碳水化合物、脂肪、蛋白质代谢；甲状腺素受体合成也受到锌的调节；锌还是胸腺素的组成成分，对细胞免疫有重要的调节作用；上皮细胞、被毛维持正常形态、生长和健康也与锌有着重要关系。可见锌在鹿体内分布广泛、作用重要。

6. 硒 硒存在于鹿机体所有的体细胞中。以肌肉、骨骼、肝脏、肾中硒含量较高，含量受硒进食量影响很大。硒是谷胱甘肽过氧化物酶的主要组成成分，对体内氢或脂过氧化物酶有较强的还原作用，在保护细胞膜结构完整性和正常功能方面起着重要作用；对胰腺的功能也有重要影响；硒对维生素 E、维生素 A、维生素 C、维生素 K 等多种维生素的利用起着重要调节作用。

（三）维 生 素

维生素是动物代谢所必需而需要量又极少的一类低分子有机化合物的总称。维生素虽然不是身体各器官的原料，也不提供机体所需的能量，但以辅酶和催化剂形式参与机体代谢调节，缺乏时就会诱发某些特定的亚临床症状，也会影响机体健康和生产性能，补充后症状才能消失。一般来说在动物体内无法合成维生素，必须由日粮提供或者由日粮提供其前体物。鹿作为反刍动物可以通过瘤胃内的微生物合成 B 族维生素和维生素 K 等维生素。维生素种类很多，化学结构也有较大差异，一般根据溶解性将其分为脂溶性和水溶性两大类。

1. 维生素 A 维生素 A 只存在于动物性饲料中。植物性饲料中含有维生素 A 原（类胡萝卜素），其中 β - 胡萝卜素生理效力最高，它们在动物体内可转变为维生素 A。维生素 A 和胡萝卜素在阳光照射下、在空气中加热蒸煮时，或与微量元素及酸败脂肪接触条件下，极易被氧化破坏而失效。动物正常的生长发育（包括胎儿生长）、精子发生、维持骨骼和上皮组织的生长发育、保持机体免疫力都需要维生素 A。维生素 A 能维持动物在弱光下的视力，是视觉细胞内的感光物质——视紫红质的成分。

2. 维生素 D 维生素 D 是一种激素原，是产生钙调激素的必需前体物。生理功能主要是参加机体的钙、磷代谢，特别是增强小肠酸性，调节钙磷比例，促进钙磷吸收的作用，还直接作用于成骨细胞，促进钙、磷在骨骼和牙齿中的沉积，有利于骨骼钙化。维生素 D 影响巨噬细胞的免疫功能。

3. 维生素 E　维生素 E 又名生育酚，是一系列叫做生育酚和生育三烯酚的脂溶性的脂溶性化合物的总称。维生素 E 的主要功能是作为脂溶性细胞抗氧化剂，可阻止过氧化物的产生，保护维生素 A 和必需脂肪酸等，尤其保护细胞膜免遭氧化破坏，从而维持膜结构的完整和改善膜的通透性。维持正常的繁殖功能，维生素 E 可促进性腺发育，调节性功能，促进精子的生成，提高其活力，增强卵巢功能。维生素 E 能增强机体免疫力和抵抗力，具有抗感染、抗肿瘤与抗应激等作用。

梅花鹿仔鹿、育成鹿每头每天微量元素及维生素需要见表4-5。

表4-5　梅花鹿仔鹿、育成鹿微量元素及维生素需要

月龄	平均体重（千克）		干物质采食量（千克）	铜（毫克）	锰（毫克）	锌（毫克）
	公	母				
1～3	10	8	0.3～0.4	3.2	14.4	24.0
4～6	25	20	0.6～1.0	7.8	36.0	60.0
7～10	45	35	1.4～1.8	11.7	54.0	90.0
11～15	50	40	1.6～2.0	15.6	72.0	120.0
16～18	55	45	1.8～2.2	17.2	79.2	132.0
19～24	70	50	2.0～2.6	19.5	90.0	150.0
25～28	80	55	2.2～3.0	21.8	100.8	168.0

铁（毫克）	钴（毫克）	硒（毫克）	维生素 A（国际单位）	维生素 D（国际单位）	维生素 E（国际单位）
16.0	0.16	0.04	500	90	5.0
40.0	0.4	0.10	1000	180	10.0
60.0	0.6	0.15	1600	260	16.0
80.0	0.8	0.20	1800	280	20.0
92.0	0.9	0.23	2000	300	23.0
100.0	1.0	0.25	2400	330	25.0
112.0	1.12	0.28	2800	500	30.0

成年母梅花鹿每头每天微量元素及维生素需要见表4-6。

表4-6　成年母鹿微量元素及维生素需要

时期	平均体重（千克）	干物质采食量（千克）	铜（毫克）	锰（毫克）	锌（毫克）	铁（毫克）	钴（毫克）	硒（毫克）	维生素A（国际单位）	维生素D（国际单位）	维生素E（国际单位）
配种期	60	2.4	18.7	86.4	144.0	96.0	0.96	0.24	2400	500	80～120
	65	2.6	20.3	93.6	156.0	104.0	1.04	0.26	2800	600	80～120
	70	2.8	21.8	100.8	168.0	112.0	1.12	0.28	3200	700	80～120
妊娠期	60	2.4	18.7	86.4	144.0	96.0	0.96	0.24	2400	1000	80～120
	65	2.6	20.3	93.6	156.0	104.0	1.04	0.26	2800	1200	80～120
	70	2.8	21.8	100.8	168.0	112.0	1.12	0.28	3200	1400	80～120
泌乳期	60	2.4	18.7	86.4	144.0	96.0	0.96	0.24	10000	750	80～120
	65	2.6	20.3	93.6	156.0	104.0	1.04	0.26	12000	900	80～120
	70	2.8	21.8	100.8	168.0	112.0	1.12	0.28	14000	1000	80～120

成年公梅花鹿每头每天微量元素及维生素需要见表4-7。

表4-7　成年公鹿微量元素及维生素需要

时期	平均体重（千克）	干物质采食量（千克）	铜（毫克）	锰（毫克）	锌（毫克）	铁（毫克）	钴（毫克）	硒（毫克）	维生素A（国际单位）	维生素D（国际单位）	维生素E（国际单位）
配种期	100	2.0	15.6	72	120.0	80.0	0.80	0.20	5000	700	100～200
	120	2.4	18.7	86.4	144.0	96.0	0.96	0.24	5800	800	100～200
	130	2.6	20.3	93.6	156.0	104.0	1.04	0.26	7000	900	100～200

续表 4-7

时期	平均体重（千克）	干物质采食量（千克）	铜（毫克）	锰（毫克）	锌（毫克）	铁（毫克）	钴（毫克）	硒（毫克）	维生素A（国际单位）	维生素D（国际单位）	维生素E（国际单位）
恢复期	100	3.0	23.4	108	180.0	120.0	1.20	0.30	8000	950	100～200
	120	3.6	28.1	129.6	216.0	144.0	1.44	0.36	8800	1000	100～200
	130	3.9	30.4	140.4	234.0	156.0	1.56	0.39	10000	1100	100～200
生茸期	100	3.8	29.6	136.8	228.0	152.0	1.52	0.38	7500	800	100～200
	120	4.5	35.1	162	270.0	180.0	1.80	0.45	8200	900	100～200
	130	4.9	38.2	176.4	294.0	196.0	1.96	0.49	10000	1200	100～200

二、鹿的饲料

鹿维持基本生理活动以及生产所必需的营养物质，均需要通过饲料获得。所以饲料的质量直接影响着鹿的体况、产茸能力及繁殖力等生产能力。圈养条件下，鹿仍有很广的食性，耐粗饲，适应性强，对植物性粗饲料有很好的消化吸收能力，主要食物来源是野生植物或栽培植物的局部或全部以及农副产品，所不同的是圈养鹿得以科学地饲喂一定比例的动物源饲料，以补充氨基酸等营养的不足，从而获得更好地生产性能。因产品的特殊性，鹿饲料主要分粗饲料、精饲料、添加剂饲料三大类，与其他动物不尽相同。

（一）粗饲料

粗饲料适口性不如精饲料，但其容重小，同样营养价值的粗饲料，较精饲料更易使鹿只产生饱腹感，所以与精饲料相比，粗饲料也有自身优点，在养鹿业中不可或缺。

1. 青饲料 青饲料种类繁多，但均属植物性饲料，包括天然牧草、栽培牧草、蔬菜类饲料等，富含叶绿素，含水量一般大于 60%，青饲料中含有优质的蛋白质，一般赖氨酸较多，所以优于谷物子实蛋白质，青饲料能为鹿提供维生素来源，特别是胡萝卜素，可达 50～80 毫克 / 千克。青饲料中矿物质约占鲜重的 1.5%～2.5%，特别是钙磷比例适宜，所以以青饲料为主的鹿不易缺钙，这在养鹿业中尤为重要。

2. 嫩树枝叶、落叶 林区的树木嫩枝叶、落叶，除少数不能饲用外，多数都适宜作鹿粗饲料。有的优质嫩枝叶还是鹿很好的蛋白质和维生素来源，如洋槐、穗槐、银合欢等树叶，按干物质记粗蛋白质含量高于 20%。适宜用做鹿饲料的还有柞、杨、柳、榛、桦、椴、桃、梨、楸、胡枝子以及松等数百种针、阔叶树种，这些树种的叶及嫩枝条鹿都喜食，且消化率高。据分析，柳、桦、榛、赤杨等，青叶中胡萝卜素含量可达 270 毫克 / 千克，松等针叶中含有丰富的维生素 C、维生素 D、维生素 E 及钴胺素等，并含有铁等微量元素。

3. 蒿秕饲料 蒿秕饲料是蒿秆和秕壳的简称，蒿秆指的是秸秆和叶，秕即秕谷。蒿秕来源于谷类作物，如小麦、大麦、黑麦、稻谷、燕麦等，也包括豆秸等农作物秸秆、荚皮。总的来说蒿秕的可消化率较低，粗纤维含量高，因此蒿秕不是优质饲料，其主要用途在于填充和稀释高浓度精料，是鹿必需的粗饲料。

（二）精 饲 料

精饲料是指蛋白质、能量含量高，粗纤维含量低，适口性好，饲喂量不大，却能提供大部分营养的饲料。精饲料营养丰富，适口性强、消化率高，含有鹿生茸、妊娠、泌乳和生长发育不可缺少的营养成分。精饲料可分为能量饲料和蛋白质饲料两大类。

1. 能量饲料

（1）谷物子实及其加工副产品 谷物子实基本都属于禾本科植物种子，如玉米、小麦、糙米、燕麦、高粱、大麦和荞麦等。含有丰富的无氮浸出物，占干物质的 70%～80%，其中淀粉占

80%～90%，所以有很高的消化率，另外其消化能很高。能量饲料中粗蛋白质含量一般较低，仅在 8.9%～13.5%（占干物质），这样能量与蛋白质的比就明显偏高，需要补充平衡蛋白质，且谷物子实中赖氨酸和蛋氨酸等必需氨基酸含量明显较低。所以单独饲喂能量饲料，必将影响茸鹿的生产性能，因此该类饲料应与优质蛋白质补充饲料一同使用。谷物中钙含量一般低于 0.1%，而磷的含量却为 0.31%～0.45%，钙磷比明显不合理，影响钙的吸收，需要在饲料中添加钙元素予以平衡，以免导致鹿只发生钙代谢病。谷物子实类饲料也非常缺乏维生素 A 和维生素 D，但 B 族维生素含量却十分丰富，特别是米糠、麦麸及谷皮中 B 族维生素含量较高。

（2）**块根、块茎及瓜类饲料** 块根、块茎及瓜类饲料包括胡萝卜、甘薯、木薯、饲用甜菜、芜菁、甘蓝、马铃薯、菊芋块茎、南瓜等。根茎瓜类最大特点是水分含量高，达 75%～90%，去籽南瓜可达 93.6%，干物质含量少，但从干物质的营养价值来看，它们都属于能量饲料，其干物质粗纤维含量较低，有的在 2.1%～3.24%，有的在 8%～12.5%，无氮浸出物达 67.5%～88.1%，且大多为易消化的糖分、淀粉或聚戊糖，所以消化能较高，为 3.3～3.78 千卡 / 千克。

（3）**糟渣类饲料** 该类饲料是酿造、制糖、食品工业副产品，如酒糟、甜菜渣和糖蜜等，含水量高达 60%～90%；干物质中粗纤维含量高，且变化幅度大，大致在 4.9%～40.3% 范围内，高出原料数倍；能值较高；粗蛋白质较其原料中粗蛋白质高 20%～30%，容积大，质地松软，有填充胃肠作用，使鹿有饱腹感，可促进胃肠蠕动和消化。

（4）**草籽、树实类** 草籽、树实类自古以来就是农家的自采饲料，即于春、夏季割幼嫩茎叶，早秋采集子实饲喂牲畜，当然这些子实同样适合做鹿的饲料。田间、地头、沟沿、坡丘、荒甸、山林中，都有大量有价值的野生杂草和树木生长，草籽、树实营养价值一般较高，可代替部分谷物或糠麸类饲料，以补充能量饲料的不足。常用的有白草子、沙枣、橡子、野燕麦、苋菜、野山药、水稗子等。此类饲料以橡子最为突出，具有较大的利用价值，橡子淀粉含量比玉米低15%左右，单宁含量约10%，而粗蛋白质、粗脂肪含量则相差无几，可以作为优秀的补充饲料。此外橡子含有单宁，适当控制采食量可有效调整鹿肠道健康、提高生产性能。

2. 蛋白质饲料　干物质中粗纤维含量低于18%，粗蛋白质含量20%以上的豆类、饼粕类，动物性蛋白质饲料等均属于蛋白质饲料。蛋白质饲料不仅蛋白质丰富，各种必需营养均较谷实类多，蛋白质品质优良，其生物学价值高，可达70%以上，无氮浸出物含量低，占干物质27.9%～62.8%，维生素含量与谷实类相似，不同在于有些豆类中脂肪含量高，因为蛋白质与碳水化合物的消化能差别不大，所以蛋白质饲料的能量价值与能量饲料差别不大。总之，该类饲料营养丰富，特别是蛋白质丰富，易消化，能值高。

（三）添加剂及其他饲料

常规饲料中含量较低无法满足鹿需求，而鹿保持机体健康、正常生长发育、生产产品又必需摄入的矿物质、维生素及特定保健物质等，需通过常规饲料之外的形式添加，这些形式的添加物统称为饲料添加剂。饲料添加剂有着严格的量化标准及不同生产阶段的针对性，否则会因为添加不足起不到补充的作用，也可能因为添加过量，饲喂时期不当导致动物不适或中毒。饲料添加剂一般包括以下几类：生长促进剂、保健剂、饲料保质剂、风味调节剂等。

三、鹿饲料配方

学习科学的饲料配方，掌握适宜的营养调控技术，是培育健康鹿群、提高整体效益的有效途径。本节将介绍梅花鹿多个生产时期成功的饲料配方及新的营养调控技术，供养殖者借鉴参考。

1. 梅花鹿仔鹿饲料配方　见表4-8。

表4-8　梅花鹿离乳仔鹿和育成鹿精饲料配方（风干基础）

饲料名称	比例（%）	营养水平	含量
玉米面	31.0	粗蛋白质（%）	28.0
豆饼、豆粕	44.0	总能（兆焦/千克）	17.3
黄豆（熟）	13.0	代谢能（兆焦/千克）	11.4
麦麸	9.0	钙（%）	0.8
食盐	1.5	磷（%）	0.6
矿物质饲料	1.5		

2. 生茸期梅花鹿饲料配方　见表4-9、表4-10。

表4-9　公梅花鹿生茸期精饲料配方（风干基础，%）

饲料名称	1岁公鹿	2岁公鹿	3岁公鹿	4岁公鹿	5岁公鹿
玉米面	29.5	30.5	37.6	54.6	57.6
大豆饼、粕	43.5	48	41.5	26.5	25.5
大豆（熟）	16.0	7.0	7.0	5.0	5.0
麦麸	8.0	11.0	10.0	10.0	8.0
食盐	1.5	1.5	1.5	1.5	1.5
矿物质饲料	1.5	1.5	2.4	2.4	2.4
营养水平					
粗蛋白质	27.0	26.0	24.0	19.0	18
总能（兆焦/千克）	17.68	17.26	17.05	16.72	16.72
代谢能（兆焦/千克）	12.29	12.08	12.12	12.2	12.25
钙（%）	0.72	0.86	0.96	0.92	0.91
磷（%）	0.55	0.61	0.62	0.58	0.57

表 4-10　梅花公鹿生茸期精饲料供给量　（单位：千克/头·日）

饲料名称	2 岁公鹿	3 岁公鹿	4 岁公鹿	5 岁以上公鹿
豆饼、黄豆	0.7～0.9	0.9～1.0	1.0～1.2	1.2～1.4
玉米面	0.3～0.4	0.4～0.5	0.5～0.6	0.6～0.7
麦麸类	0.12～0.15	0.15～0.17	0.17～0.2	0.2～0.22
合计	1.12～1.45	1.45～1.67	1.67～2.0	2.0～2.32
食盐（克）	20～25	25～30	30～35	35～40
碳酸钙（克）	15～20	20～25	25～30	30～35

3. 梅花鹿种公鹿饲料配方　见表 4-11、表 4-12。

表 4-11　梅花鹿种公鹿配种期饲料配方　（风干基础）

饲料名称	比例（%）	营养水平	含量
玉米面	50.1	粗蛋白质（%）	20
豆饼	34.0	总能（兆焦/千克）	16.55
麦麸	12.0	代谢能（兆焦/千克）	11.20
食盐	1.5	钙（%）	0.92
矿物质饲料	2.4	磷（%）	0.60

表 4-12　梅花鹿种公鹿配种期精饲料供给量　（单位：千克/头·日）

饲料名称	2 岁公鹿	3 岁公鹿	4 岁公鹿	5 岁以上公鹿
豆饼、豆科子实	0.5～0.6	0.6～0.7	0.6～0.8	0.75～1.0
禾本科子实	0.3～0.4	0.4～0.5	0.4～0.6	0.45～0.6
糠麸类	0.1～0.13	0.13～0.15	0.13～0.17	0.15～0.2
糟渣类	0.1～0.13	0.13～0.15	0.13～0.17	0.15～0.2
合计	1.0～1.26	1.26～1.50	1.26～1.74	1.5～2.0
食盐（克）	15～20	15～20	20～25	25～30
碳酸钙（克）	15～20	15～20	20～25	25～30

4. 梅花鹿公鹿越冬期饲料配方 见表4-13。

表4-13 梅花鹿公鹿越冬期精饲料配方 （风干基础，%）

饲料名称	1岁公鹿	2岁公鹿	3岁公鹿	4岁公鹿	5岁以上公鹿
玉米面	57.5	52.0	61.0	69.0	74.0
大豆饼、粕	24.0	27.0	22.0	15.0	13.0
大豆（熟）	5.0	5.0	4.0	2.0	2.0
麦麸	10.0	10.0	10.0	11.0	8.0
食盐	1.5	1.5	1.5	1.5	1.5
矿物质饲料	2.0	1.5	1.5	1.5	1.5
营养水平					
粗蛋白质（%）	18.0	17.9	17.0	14.5	13.51
总能（兆焦/千克）	16.3	16.72	16.72	16.26	15.97
代谢能（兆焦/千克）	12.29	11.91	12.41	12.37	12.41
钙（%）	0.79	0.65	0.65	0.61	0.61
磷（%）	0.53	0.39	0.39	0.36	0.35

5. 梅花鹿母鹿精饲料配方 见表4-14。

表4-14 梅花鹿母鹿精饲料配方 （风干基础，%）

饲料名称	配种期和妊娠初期	妊娠中期	妊娠后期	哺乳期
玉米面	67.0	56.2	48.9	33.9
大豆饼、粕	20.0	14.0	23	30
大豆（熟）	—	12.0	14.0	17.0
麦麸	10.0	14.0	10.0	15.0
食盐	1.5	1.5	1.5	1.5
矿物质饲料	1.5	2.3	2.6	2.6
营养水平				
粗蛋白质（%）	15.35	16.83	20	23.32
总能（兆焦/千克）	16.51	16.89	16.89	17.35
代谢能（兆焦/千克）	11.41	12.29	12.25	12.29
钙（%）	0.62	0.88	0.99	1.02
磷（%）	0.36	0.58	0.61	0.67

四、鹿营养调控技术

应用科学的饲料加工工艺，调整营养要素水平、比例，调控营养物质消化、代谢，提高其利用率，从而促进动物生产性能的技术措施叫作营养调控技术。梅花鹿常用营养调控技术主要包括以下几种。

（一）全混合日粮（TMR）技术

全混合日粮技术，就是在不改变日粮原料和各原料配比的前提下，将传统饲养方式下精、粗分饲的各种饲料原料经充分搅拌、混合（制粒），加工成为一种能同时提供精、粗饲料和各种营养要素的日粮，便于动物采食。其技术优势既有类似"营养超市"一次获得所有需要的营养，又避免了传统饲养模式下鹿等反刍动物先采食精料，使精料在瘤胃内快速降解产酸，瘤胃 pH 值下降，而粗饲料降解速度慢，瘤胃 pH 值上升，不稳定的瘤胃环境不利于瘤胃微生物增殖，菌体蛋白产量下降。同时精料适口性好，采食量大还可能诱发瘤胃酸中毒，而粗饲料适口性差，采食量低难以满足动物正常消化功能所需的纤维素摄入，易导致瘤胃迟缓、反刍紊乱等疾病的发生。梅花鹿 TMR 技术，可以满足梅花鹿对能量、蛋白质、脂肪、纤维素、矿物质、维生素等多种营养物质需求，设计、筛选特定生理时期的 TMR 配方，并借鉴了其他家畜全混合饲料配制工艺。

TMR 工艺：

配方设计→原料称重→粉碎→混合→出料

配方设计→原料称重→粉碎→混合→调质→制粒→出料

生产普通全混合日粮和颗粒化全混合日粮，提供给仔鹿。研究表明该技术可有效提高梅花鹿采食量，特别是保证了适口性相对较差的粗料采食量、营养物质利用率明显升高、生产性能提高显著，经济效益与社会效益均较好。

（二）仔鹿代乳料技术

因为母鹿无乳、产仔数多缺乳、恶癖拒绝哺乳或仔鹿早期培育需要，仔鹿饲养方式由吃母乳然后过渡到采食常规日粮，改变为采食人工配制的代乳粉（料）。该代乳料既能提供母乳提供的能量、蛋白质、脂肪，又能提供氨基酸、糖、纤维素、微量元素、维生素等，仔鹿生长发育效果与母乳相近甚至更好。这是因为经过一段时间后母鹿泌乳量下降、干物质降低，且仔鹿逐渐长大，需要营养物质更多，而代乳料能够足量、稳定地提供仔鹿生长发育所需的各种营养物质，促进仔鹿生长发育。研究表明，应用全脂奶粉、葡萄糖、维生素、微量元素添加剂、淀粉、盐配制的仔鹿代乳料，能够获得与母乳喂养相同或更好的生长效果。饲喂量按照满足需要，略有剩余即可。

（三）仔鹿补饲技术

和牛、羊一样，仔鹿生长发育过程中也存在母乳分泌量减少，但生长发育所需营养渐增的情况。通过饲喂人工配制的日粮，有效满足牛、羊幼畜的营养需要，促进其生长发育的补饲技术已普遍应用。目前仔鹿补饲技术虽有探索，但是适宜的营养水平、配方等还有待进行科学筛选和确定。

（四）优化青贮技术

适宜的青、粗饲料经过粉碎、压实、密封，充分发酵后就会成为可以长期保存的饲料，这种饲料就叫青贮。青贮饲料把秸秆或其他粗饲料里的淀粉和糖，转换为酸香浓郁的挥发性脂肪酸，还能有效保持其中的水分，软化植物秸秆细胞壁，增强其适口性，还有部分纤维素会在青贮过程中被微生物转化为适宜吸收的营养。除传统青贮技术外，还有在青贮中加糖、盐、尿素、青贮促进剂等的添加剂青贮。添加剂青贮既保持了青贮原有的优势，又能使得青贮中有益营养增加，更利于采食、利用和贮存。

（五）日粮酸碱度调控技术

日粮在梅花鹿瘤胃内发酵会产生以挥发性脂肪酸为主的酸性物质，脂肪酸经吸收进入血液，当瘤胃中精料比例较高时，进入血液中的酸性物质过多，就会使鹿体内酸碱平衡被打破，从而发生"酸中毒"。另外在冬季和春季，梅花鹿粗饲料资源匮乏，多以酸性较强的青贮作为粗饲料，青贮饲喂过多，加之精饲料比例增加就会导致妊娠期母鹿和生茸前期公鹿酸中毒。主要表现为"血液酸中毒"，继发流产或公鹿蹄匣软化，被垫砖磨破，受坏死杆菌侵染发生"腐蹄病"。这时候不仅要注意治疗，还可通过降低青贮饲料饲喂比例，用部分干草替代中和饲料酸性，降低酸中毒的发病率。这是被实践证明了的有效的饲料酸碱调控技术。

（六）人工控制瘤胃发酵技术

瘤胃是梅花鹿至关重要的消化器官，其发酵效率、发酵类型等直接影响营养物质消化吸收及其在梅花鹿体内的代谢。合理控制瘤胃发酵是提高鹿饲料利用率，促进生长发育，提高生产性能的重要措施。目前较为广泛应用的人工控制瘤胃发酵途经有：提高对营养价值较高的低级挥发性脂肪酸比例和产量，降低无营养价值的甲烷产量；减少高品质蛋白质和氨基酸在瘤胃中的降解；通过改变饲料种类和瘤胃环境促进瘤胃微生物生长，增加单位时间内微生物营养产量。

（七）非蛋白氮（NPN）技术

与家养的畜禽相比较，鹿更加耐粗饲，这是因为鹿的瘤胃十分发达，瘤胃微生物除能够降解利用饲料中蛋白质外，还能将尿素、缩二脲、磷酸脲、磷酸二氢铵、氨水等不同于真蛋白却又含氮量较高的非蛋白氮类物质合成微生物蛋白（MCP）。以最常用的非蛋白氮尿素为例，如果全被微生物转化为微生物蛋白，1千克尿素相当于 2.94 千克蛋白质（1×47%×6.25＝2.94），即相当于 6.3 千克大豆饼所含蛋白质。可见在饲料中添加非蛋白氮不但能提高饲料粗蛋白水平，调整营养成分平衡，更能极大地降低饲料成本，提高鹿养殖效益。非蛋白氮在瘤胃中水解产生氨，瘤胃微生物利用氨合成菌体蛋白，当瘤胃中产生过多的氨，无法被微生物全部利用时，大部分剩余的氨会被瘤胃上皮吸收进入血液，最后以尿素的形式排出体外，不仅造成浪费还会加重养殖污染。瘤胃微生物合成菌体蛋白需要氮、能量、碳架、矿物质、维生素，而非蛋白氮只能提供氮，所以鹿需要通过饲料获得碳水化合物、矿物质和维生素。因为含硫氨基酸在菌体蛋白中比例较高，所以饲料中要有充足的硫，氮:硫一般在 12:1～14:1。

①与精料混合。将尿素与精料充分混合，使其占精料的 2% 或日粮的 1%。虽有研究表明鹿对尿素的耐受量很高，公鹿日粮添加 100 克时仍无不良反应，但为保证安全，添加 30 克效果较好。

②作为液体补充饲料。将尿素与糖蜜混合，做成液体补充饲料，然后与低品质饲草混合饲喂，对尿素和饲草利用均有提高。

③制成尿素青贮。将尿素按 0.5% 的比例添加到青贮或黄贮饲料中，既提高了青黄贮饲料中粗蛋白质含量，又通过组合效应提高饲料营养的吸收利用率，改善饲料综合品质。

④制成尿素舔块。将尿素与盐、其他矿物质按一定比例混合，压模后制成舔块，使非蛋白氮和矿物质营养得以合理摄入。

（八）氨基酸调控技术

蛋白质的基本功能单位是氨基酸，科学地实施氨基酸营养调控技术可以使梅花鹿养殖获得事半功倍的效果。具体调控技术大致包括氨基酸平衡技术和过瘤胃氨基酸保护技术，通过对氨基酸进行钝化或包被，使其不易在瘤胃环境下降解，实现氨基酸过瘤胃，主要在肠道中消化酶的作用下降解为氨基酸被小肠吸收利用。

（九）营养调控剂添加技术

梅花鹿养殖业除了应用常规饲料提供营养物质，还需要通过添加营养调控剂来满足鹿对矿物质、维生素等营养的需求。主要包括微量元素添加剂、维生素添加剂、氨基酸添加剂等。

第五章

鹿的饲养与管理

在品种相同，养殖环境和饲料条件无明显差异前提下，不同的养殖者，因鹿的健康状况、生产性能、经济效益等均不尽相同。这是因为除了动物、圈舍等因素外，养殖者对动物的饲养管理技术差异很大，即动物获得的饲料营养、繁育、护理、卫生、疾病防治等的差异，直接影响着养殖的成功与否。

一、鹿的饲养与管理原则

（一）鹿的饲养原则

1. 青粗饲料为主，精饲料为辅　鹿属于草食性动物，在野生或放牧条件下能采食多种木本植物的枝叶和大量的草本植物的茎叶、花和果实。人工养殖条件下，可饲喂农作物的秸秆、副产品及青贮饲料。因此，配制鹿饲料时应充分利用广泛的饲料来源，采取多种原料搭配，在满足其营养需要的同时降低饲料成本。生产中尽可能利用当地成本低、数量多、来源较稳定的各种青粗饲料。在枯草期或生产旺期适当增加精饲料以满足鹿对营养的需求。

2. 合理搭配饲料，保证营养的全价性　根据鹿对营养的需求，采用多种饲料合理搭配，既能保证日粮营养价值的全价性和适口性，又可提高饲料的利用率。可以保证鹿正常生长发育、繁殖及产茸，并增强茸鹿体质，提高经济效益。

3. 坚持饲喂的规律性 长期进化使鹿采食、饮水、反刍、休息都有一定的规律性。在人工饲养条件下，要遵循"五定"原则，即每日定时、定量、定质（保证饲料质量）、定人（不频繁更换饲养员）、定序（投喂饲料要有先后顺序）地饲喂精粗料，使鹿建立稳固的条件反射，有规律地分泌消化液，促进对饲料的消化吸收。

目前各鹿场多实行每天饲喂 3 次，自由饮水的饲喂方式。饲喂时先投精料，观察采食完再投粗料。每次喂的饲料，在短时间内吃完为宜。如果有剩料应取出，并减少下次的喂量。投料要均匀，防止强壮鹿欺负瘦弱鹿只，导致采食不均。喂饲时间随季节而变化，但应保持相对稳定。

总之，在鹿的饲养过程中，必须严格遵守饲喂的时间、顺序和次数，不应随便提前、拖后和改变，否则会打乱鹿的进食规律，造成消化不良，引发胃肠疾病，使鹿的生长发育缓慢，生产性能下降。生产旺季和冬季注意夜间补饲，保证鹿的营养需要。

4. 饲料变更坚持循序渐进 鹿业生产季节性明显，不仅表现在公鹿生茸和母鹿繁殖上，而且也表现在营养需要和消化功能上。由于季节不同，鹿所采食的饲料种类也有差异。因此，饲养实践中要随季节和生产需要变更饲料种类。一般夏秋季以青绿粗饲料为主，冬春季节则加喂贮备的粗饲料和精饲料。由于鹿对饲料的采食具有一定的习惯性，瘤胃中的微生物对其生活环境也有一定的适应性，因此，在增减饲料量和变更饲料种类时，要逐渐进行，使鹿的消化功能及瘤胃微生物逐渐适应变化。如果增加饲料量过急或突然变换饲料种类，就会增加瘤胃负担，影响消化功能和饲料利用率，造成浪费，也是引起胃肠疾病的重要原因。

5. 保证饮水供给 水对鹿饲料的消化吸收、营养运输和代谢、调节整个机体生理功能等方面都具有极为重要的作用。鹿在采食后，饮水量大而且次数多，因此，每日应供给鹿只足够的清洁饮水。夏季高温时节要注意加大水量，冬季北方以饮温水为宜。养鹿场要尽量为鹿群创造自由随意的饮水条件，保证鹿只自由饮水终日不断。

（二）鹿群的管理原则

管理鹿群的目的是为了保证鹿只健康和鹿群生产性能的发挥。为此，必须制定科学的规章制度和技术措施，并严格落实实施。

1. 保证鹿群的饲料供应 饲料是养鹿的物质基础，要求数量足，质量好。养鹿场要有稳定的饲料基地和畅通的饲料采购渠道，尽可能因地制宜，就地解决以降低饲养成本。矿物质饲料、动物性饲料、维生素饲料及其他添加剂饲料，要预先备齐，并要弄清成分和含量，不能盲目添加。否则，不仅造成经济浪费，有时还会引起副作用。

2. 合理布局与分群管理 鹿场的布局应科学合理。生活区和生产区不能混杂。在生产区内，公鹿舍设在上风向，母鹿舍设在下风向，幼鹿舍居中，避免配种期发情母鹿气味刺激引起生产群公鹿的顶斗和伤亡。

分群是科学饲养的前提。养鹿场应按鹿只性别和年龄分成公鹿群、母鹿群、生产群、育成群、幼鹿群、育种核心群、后备群、淘汰群等若干群，进行分群、分圈饲养管理，以避免混养时强欺弱、大欺小、健欺残的现象，使不同的鹿只均得到正常的生长发育，利于生产性能发挥和病、弱鹿体况恢复。一般按照成年公鹿每群 25～30 只，成年母鹿每群 20～25 只，育成鹿每群 30～35 只，幼鹿每群 35～40 只，每群各占 1 个圈舍比较适宜。

3. 加强卫生防疫制度，坚持经常防疫消毒 鹿的抗病力很强，在良好的卫生防疫条件下很少发病和死亡，一旦发病则很难治愈。养鹿场必须认真贯彻预防为主、防重于治、防治结合的兽医卫生方针，切实建立和执行卫生防疫制度。大门设防疫池，路边要挖防疫沟；保证饲料和饮水清洁卫生；圈舍用砖铺地，要勤打扫并保持干燥；粪便要妥善处理，病鹿尸体要焚烧或深埋；圈舍及喂饮用具要定期严格消毒；鹿群要定期检疫和注射疫苗；对患传染病的鹿及时隔离治疗或坚决淘汰；饲养人员无传染病。长期坚持严格的卫生防疫制度，不断地净化鹿群，利于鹿群保持良好的健康状态，促进生产潜力的发挥。

4. 为鹿群创造适宜的生活条件 鹿只喜欢在冬暖夏凉的环境中生活，因此，鹿舍内应保持干燥、通风、空气清新。夏季注意防暑，冬季防寒保温。鹿很敏感，经常竖耳听声，稍有骚动就会惊慌失措，乱动乱窜，甚至会翻越高墙，易发生危险。因此，在日常管理中，一定要保持鹿舍安静，尽量避免外界环境干扰，为鹿创造适宜的生活条件。

5. 保证鹿群有适当的运动 鹿在圈养条件下，活动受到很大限制，运动量不足，因此需人为驱赶鹿群，适当增加运动量，以增强体质，提高抗病力。种公鹿运动量充足还能提高精液品质、配种能力和繁殖效果。繁殖群母鹿适当地运动可保证适宜的配种体况和胎儿的正常发育，避免发生难产。适当地运动对幼鹿生长发育更为重要。因此，养鹿场应坚持每日在圈内驱赶鹿群运动 1.5～2 小时，有条件的可结合放牧加强运动。

6. 加强对鹿群的驯化 加强鹿的驯化，是实现科学养鹿的前提和根本保证。驯化可以克服鹿的野性，降低对环境刺激的敏感性，对人产生信任感。通过建立条件反射，使鹿听从指挥，从而实现对鹿群的科学饲养管理和有效疾病防治。

从仔鹿生后 10～20 天起就应做好人鹿亲和等驯化工作。平时要经常有意识地使用驯化信号、口令，才能使已形成的条件反射和驯化程度不断得到巩固和提高。

7. 随时注意观察鹿群，及时处理异常情况 饲养员要熟悉和掌握鹿的基本情况，随时注意观察，发现鹿只采食、反刍、排泄、体温、鼻唇镜、精神状态等出现异常时，要及时查明原因采取有效的防治措施，从而保证生产正常进行。

8. 对饲养人员开展技术培训 实践证明，养鹿者的文化素质和技术水平对鹿生产性能有直接影响。目前许多鹿场缺乏专业技术人员，职工文化水平低，很难适应养鹿技术发展的需要，制约了养鹿新技术的推广应用，这是生产力低、死亡率高的主要原因。因此，各养鹿场应加强技术队伍建设，坚持对职工开展技术培训，不断提高其文化素质和技术水平，为优化饲养管理、实现优质高效创造条件。

二、幼鹿的饲养管理

幼年鹿正值快速生长发育阶段，如果长期饲养管理不当，将对它的体型、生理功能和生产性能等产生长远的不良影响。因此，对幼鹿进行科学的培育是提高鹿群质量、保证全活全壮、加速养鹿业发展的重要环节。

按照习惯，将幼鹿分为3个阶段：3月龄前（哺乳期）的仔鹿称为哺乳仔鹿；断乳后至当年年底的幼鹿称离乳仔鹿；当年出生的仔鹿转入第二年称为育成鹿。关于幼鹿的营养需要和饲养管理按照哺乳仔鹿、离乳仔鹿和育成鹿叙述如下。

（一）幼鹿生长发育与营养需要特点

幼鹿阶段生长强度大，营养物质代谢旺盛。因此，对营养物质的需要量较高，特别是对蛋白质、矿物质需求量较高。生长初期主要是骨骼和急需参加代谢的内脏器官的发育，后期主要是肌肉生长和脂肪沉积。因此，对1～3月龄的幼鹿必须提供较高营养水平的日粮，保证营养物质的全价性，能量与蛋白质比例适当，钙磷比例以（1.5～2）：1为宜；4～5月龄的幼鹿，对营养物质代谢更旺盛，此时应注意蛋白质饲料供给，适当增加日粮中谷物的比例。由于幼鹿消化道容积小，消化系统的生理功能弱，因此其对日粮的营养浓度要高，并且要容易消化。

采用科学饲养管理措施，幼鹿培育会收到良好的效果。整个哺乳期内，公梅花鹿仔鹿日增重可达 200～300 克，母梅花鹿仔鹿日增重可达 170～270 克，母马鹿仔鹿日增重可达 350～500 克。

在离乳期内，如果饲养条件好，幼鹿断乳后的日增重可以达到 150～200 克。因为幼鹿生长发育的可塑性较大，因此饲养管理条件对其体型和生产性能有显著影响。如果在幼鹿育成阶段，日粮营养先优后劣，则促进早熟组织和器官的发育，抑制晚熟组织和器官的发育，成年鹿四肢细长，胸腔浅窄，以后很难补偿。如果日粮营养先劣后优，则抑制早熟部位的发育，促进晚熟部位的发育，也会出现畸形的体型。因此，必须保证营养物质供给均衡合理。

（二）哺乳仔鹿的饲养管理

1. 初生仔鹿的护理 初生仔鹿（出生 1 周内）生理功能和抗御能力还不健全，急需人为的辅助护理。对初生仔鹿护理的好坏，直接影响到仔鹿的成活率。护理的关键是设法帮助仔鹿尽早吃到初乳，保证仔鹿充分休息。

（1）及时清除黏液及断脐 优良母鹿产仔后，主动舔抚幼仔。仔鹿周身的黏液羊水很快被舔干，产后 15～20 分钟即可站立吃奶。个别母性强的母鹿产后卧地舔舐黏液，使仔鹿在站立以前就吃到初乳。实践中也有一些母性不强的母鹿，因为产仔受惊吓或其他原因（如初产母鹿惧怕新生仔鹿、恶癖母鹿扒咬仔鹿、难产母鹿应激弃仔）而不照顾仔鹿，使仔鹿躯体的黏液不能及时得到清除，不能很快站立和吃到初乳。特别是初春早晚和夜间气温低，这种情况下，仔鹿体表潮湿，体温散失快，易发衰弱和疾病。必须及时用软草或洁净布块擦干仔鹿，或找已产仔的温驯母鹿代为舔干，特别注意首先清除口及鼻孔中的黏液，以免仔鹿窒息死亡。

初生仔鹿喂过3～4次初乳后，需要检查脐带，如未能自然断脐，可实行人工辅助断脐，并用5%的碘酊进行严格消毒，然后进行打耳号、称重、测量体尺和产仔登记工作。此外，平时要特别注意仔鹿的卫生管理，使用的器具、垫草要预先消毒处理。对早春时节出生的仔鹿要特别注意做好保温防潮工作，产圈和保护栏里要垫软干草。

（2）**及早哺喂初乳** 初乳是母鹿在分娩后5～7天所分泌的色深黄而浓稠的乳汁，不仅干物质含量高，而且富含蛋白质、维生素A、脂肪酶、溶菌酶、抗体、磷酸盐和镁盐，对仔鹿的健康与发育具有极为重要的生理作用。仔鹿在生后10～20分钟就能站立寻找乳头，吃到初乳，最晚不能超过8～10小时。仔鹿由于某种原因不能自行吃到初乳时，人工哺乳也可收到良好效果。挤出的鹿初乳或牛、羊初乳应立即哺喂（温度36～38℃），日喂量应高于常乳，可喂到体重的1/6，每日不少于4次。

（3）**合理代养仔鹿** 代养是提高仔鹿成活率可靠而有效的措施。当初生仔鹿得不到亲生母鹿直接哺育时，可寻找一只性情温顺、母性强、泌乳量高的产仔母鹿作为保姆鹿，共同哺育亲生仔鹿和代养仔鹿。在大批产仔期，大部分温顺的经产母鹿都可能作为保姆鹿，但一般选择产仔1～2天以内的母鹿作为保姆鹿，代养容易获得成功。优点是分娩不久的母鹿母性强，易于接受自产以外的仔鹿；被代养的仔鹿能吃到初乳，有利于生长发育；保姆鹿自产仔鹿与被代养的仔鹿日龄、强弱相近，哺乳量均衡，发育一致。

代养方法是将选好的保姆鹿放入小圈，送入周身用保姆鹿的粪尿或垫草擦拭过的代养仔鹿（消除异味），如果母鹿不扒不咬，而且前去嗅舔，可认为能接受代养。继续观察代养仔鹿能否吃到乳汁，凡是哺过 2～3 次乳以后，代养就算成功。

代养初期，体弱仔鹿哺乳有困难时，需人工辅助并适当控制保姆鹿自产仔鹿的哺乳次数和时间，以保证代养仔鹿的哺乳量。

代养期间，除细心护理好仔鹿外，对保姆鹿要加强饲养，喂给足够的优质催乳饲料促进泌乳。还应注意观察母鹿泌乳量能否满足 2 只仔鹿的需要，如果仔鹿哺乳次数过频，哺乳时边顶撞边发出叫声，哺乳后腹围变化不大，说明母乳量不足，应另找代养母鹿，防止 2 只仔鹿都受到影响或仔鹿死亡。代养仔鹿要适当延长单圈饲养的时间 7～10 天，并精心管理，白天和夜间都要有人辅助仔鹿哺乳，当 2 只仔鹿都已强壮时，可拨入哺乳母鹿大群。

双胎仔鹿往往比一般单胎仔鹿体质弱小，有的双胎仔鹿为一强一弱，也应按仔鹿代养的方式加强护理。否则，很难保证双仔全活。

（4）科学进行仔鹿人工哺乳　仔鹿出现所列情况而又找不到代养母鹿时需要进行人工哺乳：产后母鹿无乳、缺乳或死亡；恶癖母鹿母性不强，拒绝仔鹿哺乳；初生仔鹿体弱不能站立；从野外捕捉的初生仔鹿；为了进行必要的人工驯化。

人工哺乳主要是利用牛乳、山羊乳等直接喂给仔鹿，目前有短期人工哺乳和长期人工哺乳两种方法。短期人工哺乳的目的是使仔鹿达到能自行吸吮母乳的程度；长期人工哺乳是对仔鹿进行全哺乳期人工哺乳。

在人工哺乳工作中，仔鹿能否吃到初乳是至关重要的。实践证明，仔鹿能吃到初乳就能正常生长发育，反之则容易患病。在进行仔鹿大群人工哺乳驯化的鹿场，使每只仔鹿都能吃到用冷藏方法保存的奶牛初乳，其成活率在 95% 以上。

人工哺乳的方法是先将经过消毒的乳汁（初乳或常乳）装入清洁的奶瓶，安上奶嘴冷却到 36～38℃，用手把仔鹿头部抬起固定好，将奶嘴插入仔鹿口腔，压迫奶瓶使乳汁慢慢流入，不能强行灌喂，防止呛入气管。如仔鹿出现挣扎，需适当间歇，哺喂数次后仔鹿即能自己吸吮。也可利用输液装置，去掉注射针头，保留调节器即可代替奶瓶。大群人工哺乳时可使用哺乳器，能节省人力。在人工哺乳时，要用温湿布擦拭按摩仔鹿的肛门周围或拨动鹿尾，促进排粪，以防仔鹿出现排泄障碍导致生病或死亡。通过人工哺乳的仔鹿性情温顺，成活率高达95%，鹿群可驱赶放牧，易于饲养管理。人工哺乳方法：每15～17只仔鹿1个圈舍，3～5日龄喂牛初乳450克，6日龄后日喂牛乳750克，每5天调整1次喂量，每昼夜喂乳4次（白天间隔5小时，夜晚间隔7小时）；20日龄开始补饲青苜蓿和混合精料（豆饼30%，玉米面40%，麦麸15.5%，食盐2%，矿物质2.5%及维生素A，微量元素锌、锰、铁、钴等）；30日龄达到最高哺乳量1 200克；40日龄饲料采食量逐渐增加，45日龄开始减乳量，46日龄起每日喂乳3次（980克），61日龄后每日喂乳2次（720克），到80或90日龄前（日喂乳300克）断乳。在管理方面让7日龄前仔鹿尽量多睡眠，7日龄后稍增加活动，30日龄后每日上、下午各放牧1小时，60日龄后每日上、下午各放牧2小时。人工哺乳期草架上经常放鲜苜蓿，供仔鹿自由采食。

　　人工哺乳的时间、次数和哺乳量应根据原料乳的成分、含量、仔鹿日龄、初生重和发育情况决定。实际应用时可参考表5-1至表5-3。

表5-1　牛乳和山羊乳化学成分比较　（%）

种类	干物质	脂肪	蛋白质	乳糖	灰分	水分
牛常乳	12.7	3.9	3.4	4.7	0.7	87.3
山羊乳	12.9	4.1	3.2	4.8	0.8	87.1

表5-2　牛初乳和常乳化学成分比较 （%）

种类	干物质	脂肪	乳糖	灰分	维生素A（毫克）	酸度（pH值）	酸度（°T）
牛初乳	20～24	14～16.4	5.1～5.4	2.1～2.3	1.0	6.464	35～40
牛常乳	12.7	3.4	3.7	4.8	0.7	6	16～19

表5-3　梅花鹿仔鹿人工哺育牛乳喂量 （克）

日龄 次数 初生重	1～5	6～10	11～20	21～30	31～40	41～60	61～75
	6	6	5	5	4	3	2
5.5千克以上	480～960*	960～1080	1200	1200	900	720～600	600～450
5.5千克以下	420～900*	840～960	1080	1080	870	600～450	520～300

注：*1～5日龄为逐渐增加量，其他日龄各栏为变动范围。

如遇母鹿产后患病或死亡，找不到代养母鹿或牛、羊初乳时，也可配制人工初乳哺喂仔鹿。

人工初乳配方：鲜牛乳1 000毫升、鲜鸡蛋3～4个、鱼肝油15～20毫升、沸水400毫升、精制食盐4克、多维葡萄糖适量。

人工初乳配制方法：先把鸡蛋用开水冲开，加入食盐和多维葡萄糖搅匀，再将牛奶用四层纱布过滤后煮沸，待温度降至45℃左右时，将冲开的鸡蛋液和鱼肝油一并倒入，搅拌均匀，凉至36～38℃，即可喂仔鹿。另一种方法是用常乳1 000毫升，加入鱼肝油20毫升，土霉素150毫克/天，连喂5天，以后土霉素喂量降至50毫克/天。

实施仔鹿人工哺乳注意事项：人工哺乳的卫生要求比较严格，必须坚持做好乳汁、乳具的消毒，防止乳中出现细菌和发生酸败。哺乳用具必须经常保持清洁，用后要洗刷干净；乳的温度对仔鹿消化吸收有一定影响，人工哺乳时必须定时、定量、定温，通常保持在36～38℃，乳汁温度低会造成腹泻，定时饲喂利于形成稳定的条件反射；30 日龄以内的仔鹿应适当补给鱼肝油和维生素，以促进生长发育；为了防止仔鹿患肠炎，应定期在乳中加入抗生素类药剂；人工哺乳仔鹿最好在哺乳室或单圈内进行；人工哺乳时要尽量引导仔鹿自行吸吮，不应开口灌喂。哺乳时也不能惊吓，防止乳汁进入瘤胃，造成消化不良；采取人工协助排粪措施；平时要经常注意观察哺乳仔鹿的食欲、采食量、粪便和健康状况，以便发现问题及时处理；适当训练仔鹿提早采食精、粗饲料，以便适时断乳；结合哺乳应对仔鹿进行正规调教，培养理想骨干鹿，切不可与之顶撞相戏，防止养成恶癖。

2. 哺乳仔鹿的管理与补饲

（1）哺乳仔鹿的一般管理　在产仔哺乳期，一些鹿场采用多圈连用，把几个母鹿舍互相连通，将母鹿群分为产前、待产和产后 3 组。临产母鹿进入待产（产仔）圈产仔，产后设法使仔鹿吃到初乳，并注射疫苗、打耳号，再连同母鹿一起调入产后圈。这种做法的优点是：可保证母鹿产仔时不受干扰，便于管理人员记录和及时发现并处理难产等问题，同时利于仔鹿吃上初乳，防止大龄仔鹿偷乳现象和恶癖母鹿扒咬仔鹿。

产后圈内的一侧设仔鹿保护栏，面积为梅花鹿仔鹿0.5 米²/ 只，马鹿仔鹿 1.5 米²/ 只。一侧设几个仔鹿通道，梅花鹿仔鹿的通道宽 18～20 厘米，马鹿仔鹿的通道宽 25～28 厘米。另在栅栏一端设有小门，供人员检查、护理、治疗、补饲时出入。栅栏用木板围成，保持较黑暗为宜，以利于保持仔鹿安静。

保护栏内要经常保持清洁干燥，并铺垫干草，为仔鹿创造一个干燥温暖、安全又安静的环境，并能防止母鹿咬伤、扒伤或舔伤仔鹿。

仔鹿 15 日龄左右，开始采食饲料，并出现反刍现象。此时其消化能力还很弱，抗病力也较低，很容易发生胃肠疾病，特别是食入污秽不洁的草料和粪块更易发生仔鹿白痢。为此，要坚持每日清扫圈舍，定期更换垫草，并在保护栏内专设料槽进行补饲。

通常情况下，仔鹿大部分时间在保护栏内固定的地方伏卧休息，很少出来活动，应定时轰赶，逐渐增加其运动量。同时要注意观察仔鹿的精神、食欲、排粪等活动状况，发现有异常现象应及时采取治疗措施。

饲养人员要精心护理仔鹿，抓住仔鹿可塑性大的特点，随时调教驯化，可结合补饲慢慢接近仔鹿，并逐步用声响和呼唤进行调教，使仔鹿不惧怕人，注意发现和培养骨干鹿。驯化时不要随意与仔鹿嬉戏，防止产生恶癖。通过初步调教，建立简单的条件反射，为离乳后的驯化放牧打好基础。

（2）**哺乳仔鹿的补饲**　随着仔鹿日龄的增长，母鹿乳汁提供的营养物质不能满足仔鹿生长发育的需要。因此，应对仔鹿尽早补饲。

饲料中粗纤维的含量对刺激瘤胃发育产生良好的作用，因此，补饲的意义不仅在于补充营养不足，而且可促进仔鹿消化器官的发育和消化能力的提高，使仔鹿离乳后能很快适应新的饲料条件，对培育耐粗饲、适应性强的鹿只具有重要意义。

15～20日龄的仔鹿便可随母鹿采食少量饲料。从这时起，仔鹿保护栏内应设小料槽，投给营养丰富易消化的混合精料。混合精料比例为：豆粕60%（或豆饼50%、黄豆10%），高粱（炒香磨碎）或玉米30%，细麦麸10%，食盐、碳酸钙和仔鹿添加剂适量。用温水将混合精饲料调拌成粥状，初期每晚补饲1次，后期每日早、晚各补饲1次。补饲量逐渐增加，要少给，不限量，并及时撤走剩料，要防止仔鹿采食腐败饲料后生病。

哺乳仔鹿不必单独补给粗饲料，可随母鹿自由采食，但应投给一些质地柔软的青干饲料。

（三）离乳仔鹿的饲养管理

从 8 月中旬离乳到当年年底的仔鹿称为离乳仔鹿（离乳幼鹿）。由于离乳仔鹿要经受饲料条件和环境条件双重变化的影响，必须加强饲养管理，使其顺利度过离乳关。

1. 离乳仔鹿的驯化与离乳方法

（1）离乳前的驯化　在离乳前的一段时期，应结合对仔鹿的补饲，有计划有目的地给仔鹿提供精料和一些优质的青绿多汁饲料，逐渐增加其采食量，使瘤胃容积逐渐增大，提高对粗纤维的消化能力，增强离乳后对饲料的适应能力。同时，结合仔鹿补饲和利用母鹿采食精料的机会，驯化母仔分离，养成母仔分离行动自如的习惯，达到安全分群的目的。

（2）离乳方法　通常采用一次性离乳分群法，即离乳前逐渐增加补料量和减少母乳的哺喂次数，到 8 月中下旬，一次性将当年出生的仔鹿全部拨出，断乳分群。但对出生晚、体质弱的仔鹿，可推迟到 9 月 10 日二次断乳分群，以保证其正常发育和成活。分群时，应按照仔鹿的性别、日龄、体质强弱等情况，每30～40 只组成 1 个离乳仔鹿群，饲养在远离母鹿的圈舍里。在养鹿实践中，有的鹿场采用把仔鹿留在原圈，将母鹿移出，利用产仔小圈四周挂草帘将公母仔鹿分开单养的做法。

实践证明，公仔鹿的生长发育速度比母仔鹿快，年耗精料量比母仔鹿多 36 千克左右，因此离乳后公母仔鹿分群饲养利于各自的生长发育，不但可以降低饲养成本，而且便于管理。断乳后的公母仔鹿混养是不科学的。

2. 离乳仔鹿的饲养管理　仔鹿离乳第一周为独立生活适应期。刚离乳时仔鹿思恋母鹿，鸣叫不安，食欲差，采食量少，3～5 天后才能恢复正常。因此，饲养员要进行耐心的护理，经常进入鹿圈呼唤和接近鹿群，做到人鹿亲和，抓紧做好人工调教工作，既可缓解仔鹿的焦燥不安情绪，尽快适应新的环境和饲料条件，又为以后实施生产技术奠定了基础。离乳初期仔鹿消化道仍缺乏足够的锻炼，消化功能尚未完善，特别是出生晚、哺乳期短的仔鹿不能很快适应新的饲料条件。因此，仔鹿日粮应由营养丰富、容易消化的饲料组成，特别要选择哺乳期内仔鹿习惯采食的多种精粗饲料；粗饲料既要新鲜易消化有营养，又要多样化，逐渐增加饲料量，防止一次采食饲料过量引起消化不良或消化道疾病；精饲料加工调制要恰当，将大豆或豆饼制成豆浆、豆沫粥或豆饼粥，饲喂效果比浸泡饲喂要好。

根据仔鹿食量小、消化快、采食次数多的特点，初期日喂4～5次精粗料，夜间补饲1次粗料，以后逐渐过渡到成年鹿的饲喂次数和营养水平。9月中旬至10月末，正是断乳仔鹿采食高峰期，饲喂方法同成年鹿，根据上顿采食情况确定下顿投喂量。精料配方见表5-4。

表5-4　梅花鹿离乳仔鹿和育成鹿精饲料配方　（风干基础）

饲料名称	比例（%）	营养水平	含量
玉米面	31	粗蛋白质（%）	28
豆饼、豆粕	44	总能（兆焦 / 千克）	17.34
黄豆（熟）	13	代谢能（兆焦 / 千克）	11.37
麦麸	9	钙（%）	0.77
食盐	1.5	磷（%）	0.56
矿物质饲料（含磷≥10.32%）	1.5		

4～5月龄的幼鹿便进入越冬季节，由于粗饲料多为干枝叶、干草和农副产品，应供给一部分青贮饲料和其他含维生素丰富的多汁饲料，并注意矿物质的供给，必要时可喂给维生素和矿物质添加剂，防止佝偻病的发生。在梅花鹿离乳仔鹿的日粮中加入食盐5～10克和碳酸钙10克（马鹿加倍），能收到较好效果。

由于幼龄梅花鹿对饲料的选择性较强，因此将青草和农作物秸秆粉碎发酵后饲喂效果较好。发酵后的饲料产生乳酸香味，既能提高采食量，又能提高利用率。此外，要经常观察幼鹿的采食和排粪情况，发现异常随时调整精粗饲料比例和日粮饲喂量。

仔鹿断乳 4 周后，在舍内驯化基础上，先舍内后过道（走廊），每日坚持驯化 1 小时，逐渐加深驯化程度，尽快达到人鹿亲和，保证鹿群的稳定，有效减少幼鹿伤亡事故的发生。

在整个离乳期内，要保持舍内及饲料、饮水的清洁，达到舍内无积粪、无脏水、无积雪。保证饲料优质易消化，严禁饲喂腐败变质、酸度过高、水分过大、砂土过多的饲料，预防代谢性疾病和消化系统疾病的发生。越冬期保持圈内干燥，棚舍内铺垫草（干软的树叶或干草），保暖防寒，供幼鹿伏卧休息，确保安全越冬。

总之，为离乳仔鹿创造良好的饲养条件，采用正确的管理方法，能够把幼鹿培育成前胸宽阔、后躯发达、腹部下垂、被毛光亮、体态优美、膘情适中、生产潜力大的优秀鹿群。

（四）育成鹿的饲养管理

离乳仔鹿转入第二年即为育成鹿，此时鹿只已完全具备独立采食和适应各种环境条件的能力，也不像哺乳期和离乳期那样容易患病，饲养管理无特殊要求，因此往往得不到应有的重视，以致影响预期的培育效果。

育成鹿虽然度过了初生关和离乳关，但仍处于从幼鹿转向成年鹿过渡的生长发育阶段，此期饲养的好坏，将决定以后的生产性能高低。育成鹿的饲养管理虽然较仔鹿粗放，但是营养水平不能降低。根据育成鹿可塑性大、生长速度快的特点，可有计划地进行定向培育，争取培育出体质健壮、生产力高、抗病力强、耐粗饲的理想型鹿群。

1. 育成鹿营养需要　研究表明，育成期梅花鹿的精饲料中能量浓度与蛋白质含量，对蛋白质、能量和粗纤维的消化率具有显著的互作效应。混合精饲料适宜的能量浓度为 17.138～17.974 兆焦 / 千克，适宜的粗蛋白质水平为 28%。育成期梅花鹿精饲料日饲喂量为 0.8～1.4 千克，育成期马鹿为 1.8～2.3 千克。具体饲喂量视鹿体型大小和粗饲料质量而定。如果精饲料过多，也会影响鹿消化器官特别是瘤胃的发育，进而降低了对粗饲料的适应性；精饲料过少则不能满足育成鹿生长发育的需要。

舍饲育成鹿的基础粗饲料是树叶、青草，以优质树叶最好。此时，可用适量的青贮饲料替换干树叶，替换比例视青贮饲料水分含量而定。水分含量在 80% 以上，青贮替换干树叶的比例应为 2：3，但在早期不宜过多使用青贮（特别是低质青贮），否则鹿胃容量不足，有可能影响生长。

2. 育成公鹿的饲养管理

（1）育成公鹿的饲养要点　饲养育成鹿时，应尽可能多喂给青饲料，但对于 1 岁以内的后备鹿仍需喂给适量的精饲料。精饲料的喂量和营养水平，视青粗饲料的质量和采食量而定。

饲养后备育成公鹿时，必须限制容积大的多汁饲料和秸秆等粗饲料的喂量。8 月龄以上的育成公鹿，青贮饲料的喂量以 2～3 千克为限。青割类及根茎类多汁饲料的饲喂量也应参照此标准。

育成母鹿受胎后，一般在分娩前 2～3 个月就应加强营养，来满足胎儿快速增长和为泌乳贮备的营养需要，尤其要保证维生素 A、维生素 E 和钙、磷的供给。因此，妊娠后期应供给品质优良的粗饲料，精饲料要参照标准，合理搭配，注意适口性，并根据母鹿的膘情逐渐增加至每日每只 2～4 千克，适应产后大量采食精饲料促进泌乳的需要，但也不宜过肥。

（2）育成公鹿的管理要点　育成鹿处于由幼鹿转向成年鹿的过渡阶段，一般育成期为 1 年，公鹿的育成期更长些。对育成鹿的管理，应抓好如下几个环节。

①公母鹿分群饲养。公母仔鹿合群饲养时间以 3～4 月龄为

限，以后由于公母鹿的发育速度、生理变化、营养需求、日粮配合、生产目的和饲养管理条件等不同，必须分开饲养。

②做好防寒保温工作。处于越冬期的育成鹿，体躯小，抗寒能力仍较差，应采取必要的防寒措施并提供良好的饲养管理条件。特别是北方地区，更要积极采取防寒措施，堵住鹿舍墙壁的风眼，尽量使鹿群栖息处避开风口和风雪袭击，以减少体热的散失，降低死亡率。

③加强运动，促进鹿只生长发育。育成鹿尚处于生长发育阶段，可塑性大，应将加强运动作为一项经常性措施。它对增加采食量，促进发育，增强体质，防止疾病发生都有重要作用。圈养舍饲鹿群每日必须保证在圈舍轰赶运动2～3小时。

④搞好鹿舍内外卫生。育成鹿舍内应保持清洁干燥，及时清除粪便，冬季要有足够垫草，鹿舍和料槽、水锅要定期消毒，防止疾病发生。

⑤继续加强对鹿群的调教驯化。圈养舍饲的育成鹿群，虽已具有一定的驯化程度，但已形成的条件反射尚不稳定，当遇到异常现象时，仍易惊恐炸群，应激反应强烈，不利于正常生长发育和饲养管理技术的顺利实施。因此，必须继续加强调教驯化，巩固原有的驯化成果，建立新的更复杂的条件反射，增强对各种复杂环境的适应能力，为确保安全生产打好基础。放牧饲养的育成鹿群，虽然驯化程度较高，但仍具有脚轻善跑、易惊扰的缺点，可结合放牧继续深入调教驯化。

3. 育成母鹿的饲养管理

（1）育成母鹿饲养要点　母鹿到了18个月龄即可以参加初配，此时饲喂足够的优质粗饲料，基本能满足营养需要。如果粗饲料品质差，应适当补喂精料，以满足生殖器官发育的营养需要。

育成母鹿受胎后，一般在分娩前2～3个月就应加强营养，来满足胎儿快速增长和为泌乳贮备的营养需要，尤其要保证维生素 A、维生素 E 和钙、磷的供给。因此，妊娠后期应供给品质优良的粗饲料，精饲料要参照标准，合理搭配，注意适口性，并根据母鹿的膘情逐渐增加至 2～4 千克，以适应产后大量采食精饲料的需要，但也不宜过肥。

（2）**育成母鹿的管理要点** 确定育成母鹿初配期应根据育成母鹿的出生月龄和发情状况确定是否参加配种，参加配种前，必须加强饲养管理，提高日粮营养水平，保证正常发情排卵，使配种期达到适宜的繁殖体况。其余管理要点与育成公鹿相同。按照标准要求，育成母鹿在生后 30 月龄达到体成熟才能参加配种。在实际生产中人们从经济利益出发，育成母鹿生后 18 月龄就参加配种，从繁育角度看，弊大于利。

三、公鹿的饲养管理

我国饲养公鹿的主要目的是生产优质高产鹿茸，繁殖优良后代，提高鹿群整体水平。因此，必须通过科学饲养管理，保证公鹿具有良好的繁殖体况和种用价值，延长其寿命和生产年限。

（一）公鹿生产时期划分

公鹿生理和生产随季节更替而明显变化。在春、夏季节，公鹿食欲良好，代谢旺盛，一般从 3 至 4 月开始脱盘生茸，并逐渐开始换毛。随着饲料条件改善，体况逐渐增强，被毛光亮，生茸旺期体况最佳。秋季公鹿性活动增强，争偶角斗频繁发生，食欲减退。同时种公鹿配种活动消耗能量，明显消瘦。配种期结束后到翌年 1 月，公鹿的性活动处于相对静止状态，性欲减弱并逐渐消失，同时食欲开始增强，采食量大大增加，体况逐渐恢复。

根据公鹿在不同季节的生理特点和代谢变化规律，结合生产实际把公鹿饲养管理划分为生茸前期、生茸期、配种期和恢复期 4 个阶段。其中，生茸前期和恢复期基本上处于冬季，又称为越冬期。

在北方，梅花鹿 1 月下旬至 3 月下旬为生茸前期，4 月上旬至 8 月中旬为生茸期，8 月下旬至 11 月中旬为配种期，11 月下旬至翌年 1 月中旬为恢复期。马鹿的各个时期比梅花鹿提前 15 天左右。我国南方各省，由于气候差异，各时期的划分略有不同。以广东省饲养的梅花鹿为例，生产时期划分为：生茸前期，1 月下旬至 3 月上旬；生茸期，3 月中旬至 8 月上旬；配种期，8 月下旬至 12 月上旬；恢复期，12 月下旬至翌年 1 月中旬。

各时期并非截然分开，而是互相联系、互相影响，每一时期都以上一时期为基础。因此，在饲养管理过程中，必须根据不同时期的营养需要特点，实行科学管理，才能收到较好效果。

（二）生茸期饲养与管理

1. 生茸期营养需要　鹿茸的主要成分是蛋白质，所以生茸期公鹿对蛋白质需求较高。实践表明：一般饲养水平的公鹿，如适当提高日粮水平和可消化蛋白质供给量，则体重、茸重均有增长；对于高产公鹿，充分满足蛋白质需求，可显著促进鹿茸的生长发育。因此，在饲养时应注意提高鹿的营养水平，特别是蛋白质的供给量。如果营养不足，就会造成鹿茸生长缓慢，毛粗质劣。

据分析，梅花鹿二杠鲜茸日增重 14 克左右，三杈鲜茸日增重 44 克左右；而一付生长 93 天的四杈马鹿茸鲜重 14.65 千克，平均日增重 158 克，其中干物质约占 30%，其中含氮有机物比例最高，其次是矿物质和维生素。从鹿茸成分和增重情况看，公鹿生茸期需要大量蛋白质、矿物质和维生素。同时，生茸初期正逢春季换毛，对胱氨酸、蛋氨酸等含硫氨基酸需要量增加。因此，日粮粗蛋白质与含硫氨基酸比例合理对鹿提前换毛有良好作用。实践证明，可消化粗蛋白质达到日粮消化有机物 18%，才能满足鹿换毛需要。梅花鹿生茸期（1～5 周岁）饲粮中，总消化能达到 16.72 兆焦 / 千克，可消化粗蛋白质水平达到 18% 以上，钙含量 0.6%，磷含量 0.3%，才能满足需要。另据报道，成年公梅花鹿每生长 1 克鲜茸，需要能量（净能）4.60 兆焦和蛋白质 0.2 克。

公梅花鹿生茸期精饲料配方见表 5-5。

表 5-5　梅花鹿公鹿生茸期精饲料配方＊（风干基础，%）

饲料名称	1 岁公鹿	2 岁公鹿	3 岁公鹿	4 岁公鹿	5 岁公鹿
玉米面	29.5	30.5	37.6	54.6	57.6
大豆饼、粕	43.5	48.0	41.5	26.5	25.5
大豆（熟）	16.0	7.0	7.0	5.0	5.0
麦麸	8.0	11.0	10.0	10.0	8.0
食盐	1.5	1.5	1.5	1.5	1.5
矿物质饲料	1.5	1.5	2.4	2.4	2.4
营养水平（%，兆焦/千克）					
粗蛋白质	27.0	26.0	24.0	19.0	18.0
总能	17.68	17.26	17.05	16.72	16.72
代谢能	12.29	12.08	12.12	12.2	12.25
钙	0.72	0.86	0.96	0.92	0.91
磷	0.55	0.61	0.62	0.58	0.57

＊每千克精饲料中另加生茸期公鹿专用添加剂 20 克。

2. 生茸期的饲养要点　生茸期正值春、夏季节，饲料条件转好，但公鹿面临着脱花盘（即骨质残角，又称角帽）、长新茸和春季换毛；且鹿茸生长迅速，需要营养较多，采食量较大。因此，本时期饲养管理的好坏，不仅直接关系着脱盘和鹿茸生长，对体况和换毛影响也较大。

为满足公鹿的生茸需要，日粮配合必须科学合理，要保证日粮营养的全价性，提供富含维生素 A、E 的青绿多汁饲料和蛋白质饲料，精料中要提高豆饼和豆类比例，供给足够的豆科青割牧草及品质优良的青贮饲料和青绿枝叶饲料。也可用熟豆浆拌精料，或把精饲料调制成粥料，以优化日粮适口性、消化率和生物学价值。要保证矿物质饲料（如复合添加剂等）的足够供给。由于鹿消化吸收脂肪能力差，大量脂肪在胃肠道内与饲料中的钙起皂化反应，形成不能被机体吸收利用的脂肪酸钙，从粪中排出，造成浪费，甚至造成新陈代谢紊乱，导致缺钙，使生茸受阻。因此，精饲料中不应有含油量高的子实。

根据生茸初期、旺期及后期鹿茸的长势，合理调配日粮及喂量，保证日饲喂的均衡性。白天喂 3 次精粗饲料，夜间补饲一次粗饲料。要定时定序饲喂。增加饲料时要逐渐进行，可按每3～5 天加料 0.1 千克幅度进行，至生茸旺期加到最大量，梅花鹿始终保持旺盛的食欲，防止加料过急而发生顶料现象或发生胃肠疾病。梅花公鹿生茸期精料供给量见表 5-6。

表 5-6　梅花鹿公鹿生茸期精饲料供给量 （单位：千克/头·日）

饲料	2 岁公鹿	3 岁公鹿	4 岁公鹿	5 岁以上公鹿
豆饼、豆类	0.7～0.9	0.9～1.0	1.0～1.2	1.2～1.4
谷物	0.3～0.4	0.4～0.5	0.5～0.6	0.6～0.7
糠麸类	0.12～0.15	0.15～0.17	0.17～0.2	0.2～0.22
合计	1.12～1.45	1.45～1.67	1.67～2.0	2.0～2.32
食盐（克）	20～25	25～30	30～35	35～40
矿物质（克）	15～20	20～25	25～30	30～35

梅花鹿公鹿精饲料日喂量：2 岁 0.8～1.55 千克，3 岁 0.8～1.85 千克，4～5 岁 0.5～2.1 千克，6 岁以上 0.5～2.5 千克，育成公鹿 0.9～1.2 千克；马鹿育成公鹿 1.2～1.8 千克，2～3 岁

公鹿 1.4～3.0 千克，4～5 岁公鹿 1.8～3.5 千克，6 岁以上公鹿 2.3～5.0 千克。公鹿生茸初期正值早春季节天气变化无常，气温较低，昼夜温差大，鹿茸生长缓慢；生茸中后期，公鹿新陈代谢旺盛，鹿茸生长发育快，营养需要多。因此，为满足公鹿换毛和生茸的需要，需供给一定量的青贮饲料。在 3 至 4 月份，早晚喂干草，中午饲喂青贮饲料；进入 5 月份后，每日早晨和中午饲喂青贮饲料，夜间投喂干草。粗饲料日饲喂量：公马鹿早晨喂干草 2～3 千克，中午喂青贮饲料 5～6 千克，傍晚喂干草 5～6 千克；公梅花鹿早晨喂干草 1～2 千克，中午喂青贮料 2～3 千克，傍晚喂干粗料 2～3 千克。草原放牧公鹿生茸初期和中期粗饲料及青贮饲料日补饲量为：公梅花鹿 2～3 千克，公马鹿 5～9 千克，精饲料适量补饲。

实践证明，在生茸期合理利用尿素和鱼粉等特殊饲料，公鹿食欲旺盛，换毛和增膘快，脱盘早而整齐，通常梅花鹿脱盘时间提前 5～7 天。同时，鹿茸生长速度快，茸质肥嫩粗壮，产茸量显著增加。鱼粉日喂量约占精料量的 10%，即母梅花鹿 75～100克，公梅花鹿 200～250 克，直接与精饲料混拌均匀饲喂即可。

收完头茬茸之后，开始饲喂营养丰富的青割饲料，可减少日粮中 1/3～1/2 精料。收完再生茸之后，生产群公鹿可停喂精饲料，但注意投喂优质的粗饲料，借以控制膘情，降低性欲，减少因争偶顶撞造成的伤亡。2～3 岁公鹿尚未发育成熟，性活动也较低，因此可不停料。

生茸期间，还应保证鹿水和盐的足量供应，每只梅花鹿日供水 7～8 千克、食盐 15～25 克；马鹿每日供水 14～16 千克，食盐 25～35 克。水槽内应始终装满水，并保持清洁，随时除去水面上的毛屑和杂物。食盐颗粒直接加入精料中不宜拌匀，应溶于水均匀拌入饲料中；制成盐砖或设置盐槽，任鹿只自由舔食；也可将定量食盐放入水槽中，每周放 1 次，使鹿只随饮水摄入盐。

生茸期间，饲料搭配和饲喂量的增减，应根据气候变化、饲料条件变化和公鹿脱角生茸期的生理变化灵活掌握，按脱角先后顺序和鹿茸生长状况调整日粮水平。严禁采取老少不分、强弱不分，一刀切的错误做法。调制精料时，浸泡时间在3小时以内为宜，水分要适宜，调拌要均匀，防止干湿不均或发生酸败。典型鹿场调制精饲料的经验做法是：冬季疏松型，防止冻成块；春秋湿润型，改善适口性；夏季粥型，防止酸败。

在生茸旺季，为了充分均衡满足公鹿营养需要，应适当延长饲喂间隔时间，以日出前和日落时饲喂为宜。在日照时间长、光线强、气温高、昼夜温差小的炎热夏季，要给予充足清洁的饮水。

3. 生茸期的管理要点　不同年龄的公鹿其消化生理特点、营养需要和代谢水平不同，脱盘时间和鹿茸生长发育速度也有差异。因此，应将公鹿群按年龄分成育成鹿群、不同锯别的壮年鹿群、老龄鹿群等若干群，实施分群饲养管理，以便于掌握日粮水平、饲喂量以及日常生产安排，便于实施一定的技术措施，可减少收茸期验茸拨鹿的劳动消耗和对鹿群的惊扰，提高劳动效率。舍饲公鹿每群20～25只为宜。放牧的公鹿应采用大群放牧、小群补饲的方式，将年龄相同、体况相近的公鹿30～40只组成一群进行管理和补饲。

为了防止生茸期公鹿受惊乱跑损伤鹿茸，舍内要保持安静，尽量谢绝外人参观。饲养员饲喂及清扫要有规律，时间固定，进出鹿圈时动作要轻、稳，提前给予信号，为生茸公鹿创造良好的生活和休息环境。同时，饲养人员结合饲喂清扫，进行人鹿亲和，加强对公鹿的调教驯化，提高抗应激能力，便于实施科学的饲养管理。生茸期间应专人值班，注意看管鹿群，及时制止公鹿间的角斗和顶撞，防止鹿群聚堆撞坏鹿茸。对有扒、啃茸恶癖的公鹿，应隔离饲养或临时拨入尚未生茸的育成鹿群中去。值班人员要经常检查鹿舍和围栏，对损坏和铁丝、钉子等要及时处理。

生茸期间，每日早饲前后是观察鹿群的最佳时间，值班人员、饲养人员要做到细心观察鹿群：观察脱盘及鹿茸生长发育情况，认真做好脱盘记录；注意鹿茸生长状态，以便适时组织收茸，发现花盘压茸，应寻找适当时机人工拔掉，以免影响生茸或出现怪角；观察采食饲料情况，判断鹿喂量是否适宜；观察公鹿的精神状态和行走步态；观察反刍、呼吸状态、粪便性状和鼻镜是否正常，判断鹿健康状况，发现问题及时处理。

生茸初期正值冬末春初，是病原微生物滋生、传染病和常见病多发流行季节，应做好卫生防疫工作。在开春解冻后，应对鹿舍、过道、饲槽、水槽进行一次重点消毒。圈舍、车辆用具等用 1%～4% 热烧碱溶液或新配制的 10%～20% 的生石灰乳剂消毒，也可将前两者按各占 50% 配比后用于消毒；经常保持饲槽、水槽、饮水及精粗饲料的清洁卫生。消毒时间在上午为宜，经全天日照，药效发挥效果好。

夏季气候炎热，为预防鹿只中暑，在运动场内应设若干荫棚，必要时可进行人工降水（雾）。南方养鹿地区，有条件的可设置淋浴设备或浴池。同时，应随时注意调节舍内的温度和湿度，及时清除舍内的排泄物、积水及剩余的粗料残渣，以利于鹿只健康和鹿茸的生长发育。

（三）配种期饲养与管理

梅花公鹿配种期为 8 月下旬至 11 月中旬，马鹿配种期比梅花鹿早 10～15 天。配种期公鹿的饲养管理目标，一是保持种公鹿有适宜的繁殖体况、良好的精液品质和旺盛的配种能力，适时配种，繁殖优良后代。二是使非配种公鹿维持适宜的膘情，准备安全越冬。因此，收茸后应将公鹿重新组群进行饲养和管理。

1. 配种期营养需要　精液品质好，性欲旺盛，配种能力强，使用年限长是判断种公鹿繁殖力的主要指标。种公鹿的繁殖力除受遗传因素和环境因素影响外，还受日粮营养水平的影响。精液中含有大量的蛋白质，这些优质蛋白质直接或间接来源于饲料。另外，亚麻酸、亚油酸、花生油酸等不饱和脂肪酸，是合成种公鹿性激素的必要物质，饲料中这些物质严重不足时，将影响公鹿的繁殖能力。维生素 A 能够促进精子成熟，参与性激素的合成，必须全部由饲料中获得，不足时公鹿精液品质差，性欲不强。维生素 E（也叫生育酚）是维持动物正常性功能和性规律所必需的物质，如果缺乏，公鹿生殖上皮和精子形成将发生病理变化，导致繁殖功能紊乱。维生素 B_{12} 在机体内同叶酸的作用相互关联，影响机体所必需的活性甲基的形成，直接影响蛋白质的代谢和造血功能。如果缺乏，易造成贫血、生长停滞、公鹿睾丸萎缩、性欲减弱、繁殖力降低。维生素 C 也是维持种公鹿性功能的营养物质。微量元素硒与维生素 E 有相似作用。饲料中缺磷，将影响精子的形成，缺钙也降低繁殖力。

处于配种期的生产群公鹿，要通过减少或停饲精料等限制性饲养措施，控制膘情，维持适宜体况，降低性欲，减少顶撞伤亡，准备安全越冬。梅花鹿种公鹿配种期精饲料配方见表 5-7。

表 5-7 梅花鹿种公鹿配种期饲料配方 （风干基础）

饲料名称	比例（%）	营养水平	含量
玉米面	50.1	粗蛋白质（%）	20
豆饼	34.0	总能（兆焦/千克）	16.55
麦麸	12.0	代谢能（兆焦/千克）	11.20
食盐	1.5	钙（%）	0.92
矿物质饲料	2.4	磷（%）	0.60

2. 配种期的饲养要点 饲养种公鹿的目的是保证其健壮的体质，充沛的精力，产生大量优良品质的精液，延长使用年限，

并且能将其优良性状稳定地遗传给后代，因此，养好种公鹿是发展养鹿业的一项重要工作。

由于精子从睾丸中形成到在附睾中发育成熟要经过 8 周的时间，因此，在配种期到来之前两个月（即生茸后期）就应加强对公鹿的饲养，促进精子的形成与成熟，使种公鹿在配种季节达到良好的膘情，具有良好的精液品质和旺盛的配种能力。

由于受性活动的影响，公鹿在配种期，食欲急剧下降，争偶角斗时常发生，同时由于配种负担较重，公鹿体力和能量消耗很大，经过配种期后其体重减少 15%～20%。因此，饲养管理技术和日粮营养水平特别重要。在拟定配种期日粮时，要着重提高饲料的适口性、催情作用和蛋白质生物学价值，力求饲料多样化、品质优、无腐败，确保营养的全价性。养鹿实践证明，配种期公鹿喜欢采食一些甜、苦、辣味或含糖及维生素丰富的青绿多汁饲料。为此，粗饲料以鲜嫩为主，应投给苜蓿草、瓜类、根茎类、鲜枝叶、青割全株玉米等优质的青绿多汁饲料和大麦芽等催情饲料。精饲料以豆粕、玉米、大麦、高粱、麦麸等合理搭配成混合料较好。精饲料日饲喂量：梅花种公鹿为 1.0～1.4 千克，马公鹿为 2.0～2.5 千克。实际投喂时根据种公鹿的膘情调整饲喂量，如果膘情好，可少喂精料避免过肥，有利于保持其配种能力；如果膘情差，粗饲料质量又低，就必须多喂精饲料。精饲料在投喂30 分钟后，需要将剩料清除。

如果喂给优质的粗饲料和混合精饲料，粗蛋白质含量达到 12% 即能满足需要；如果粗饲料品质低劣，粗蛋白质需达到18%～20%。矿物质和维生素对精子的形成、精液品质及对公鹿的健康都有良好作用，不可缺乏，必要时可补喂矿物质和维生素添加剂，满足公鹿的需要。梅花鹿种公鹿配种期精料供给量见表 5-8。

表5-8　梅花鹿种公鹿配种期精饲料供给量 （单位：千克/头·日）

饲料名称	2岁公鹿	3岁公鹿	4岁公鹿	5岁以上公鹿
豆饼、豆科子实	0.5～0.6	0.6～0.7	0.6～0.8	0.75～1.0
禾本科子实	0.3～0.4	0.4～0.5	0.4～0.6	0.45～0.6
糠麸类	0.1～0.13	0.13～0.15	0.13～0.17	0.15～0.2
糟渣类	0.1～0.13	0.13～0.15	0.13～0.17	0.15～0.2
合计	1.0～1.26	1.26～1.50	1.26～1.74	1.5～2.0
食盐（克）	15～20	15～20	20～25	25～30
碳酸钙（克）	15～20	15～20	20～25	25～30

3. 配种期的管理要点　种用公鹿和非种用公鹿应分别进行饲养和管理，在锯茸时避免鹿群混乱，稳定鹿群。配种期间，水槽应设盖，以便控制饮水，防止公鹿在顶架或交配后过度喘息时马上饮水，因呛水造成伤亡或丧失配种能力、降低生产性能。此外，配种期的公鹿常因磨角争斗损坏圈门出现逃鹿或串圈现象，并经常扒泥戏水，容易污染饮水。因此，配种开始以前要做好圈舍检修，配种期间对水槽定期洗刷和消毒，保持饮水清洁。圈舍要经常打扫，保持地面平整，及时维修圈舍地面和饲养设施，定期进行鹿舍消毒，防止坏死杆菌病的发生。

4. 非配种公鹿的饲养要点　非配种公鹿（生产公鹿）进入配种期，也出现食欲减退、角斗顶架、爬跨其他公鹿等性冲动现象。为了降低配种期生产群公鹿的性反应，减少争斗和伤亡，在收完头茬茸之后，根据鹿的膘情和粗饲料质量应适当减少精料量，争斗激烈时停喂一段时间精料。生产实践证明，提前减少精料或适时停喂精料，可使生产群公鹿膘情下降，性活动和性欲表现都有所降低，顶撞、爬跨和角斗现象显著减少，可避免伤亡。配种后期公鹿食欲恢复较快，有利于增膘复壮和安全越冬。

生产群公鹿此期的日粮应以青绿饲料为主，充分供给适口性强或含糖和维生素丰富的青绿多汁饲料。在饲养过程中，要不断改进饲养技术和饲喂方法，增加饲料种类，保证饲料多样化。饲喂瓜类、根茎类多汁饲料时，先洗净切碎后饲喂。青割饲料切短后，每日多次投喂，能提高采食量。通过科学饲养，保持中等膘情。对老弱病残群或老年公鹿，不应停喂精料。

5. 非配种公鹿的管理要点 在配种期到来之前，对不参加配种的生产群公鹿按年龄、体况分群。非配种公鹿和后备种用公鹿应养在远离母鹿群的上风头圈舍内，防止受母鹿气味刺激引起性冲动而影响食欲。

配种期间，必须加强对生产群公鹿的看管，控制顶撞和爬跨，防止激烈顶撞及高度喘息的公鹿马上饮水，发现被穿肛或撞伤的鹿只，及时妥善处理。

在配种期，伤残病弱鹿只除单独组群外，还应安排饲养经验丰富、责任心强的专人饲喂，改善饲养条件，并积极配合药物治疗，使其迅速恢复体况，提高膘情，以确保安全越冬。对失去生产价值的鹿予以淘汰。

在配种初期，处于统治地位的"鹿王"会顶撞和损伤其他公鹿，后期"鹿王"因体力消耗，机体消瘦，而影响配种效果，将受到其他公鹿的威胁。将败阵的"鹿王"拨出单圈饲养或养在幼鹿群中。

（四）越冬期饲养与管理

1. 越冬期营养需要 鹿的越冬期包括配种恢复期和生茸前期两个阶段，由于公鹿不配种、不生茸，因此又称生产淡季或休闲期。种公鹿和非配种公鹿经过两个月的配种期，体重下降，体质瘦弱，胃容积相对缩小，腹部上提。越冬体重要比秋季时下降15%～20%。

越冬期公鹿的生理特点是：性活动逐渐低落，食欲和消化功能相应提高，热能消耗较多，并为生茸贮备营养物质。科学研究表明，在生产淡季，1～3岁公梅花鹿的单位代谢体重与营养物质的日需要量呈正相关，4岁后则有逐渐降低的趋势。在生产淡季饲喂较低营养水平的精饲料，而在生茸准备期和生茸期加强营养，同样会得到理想的鹿茸产量。

根据上述特点，在配制越冬期日粮时，应以粗饲料为主、精饲料为辅，逐渐加大日粮容积，提高热能饲料比例，锻炼鹿的消化器官，提高其采食量和胃容量。同时必须供给一定数量的蛋白质和碳水化合物，以满足瘤胃微生物生长和繁殖的营养需要。在配合精饲料时，配种恢复期应逐渐增加禾本科子实饲料；而在生茸前期则应逐渐增加豆饼或豆科子实饲料。

2. 越冬期的饲养要点 公鹿在越冬期饲养管理的目标是迅速恢复体况，增加体重，保证安全越冬，并为生茸贮备营养。因此，日粮配合应既能满足鹿体越冬御寒的营养需要，也要兼顾增重复壮的营养要求。精饲料中玉米、高粱等热能饲料应占50%～70%，豆饼及豆科子实等蛋白质饲料占17%～32%。精饲料日喂量：种用公梅花鹿1.5～1.7千克，非种用公梅花鹿1.3～1.6千克，3～4岁公梅花鹿1.2～1.4千克；种用公马鹿2.1～2.7千克，非种用公马鹿1.9～2.2千克，3～4岁公马鹿1.9～2.1千克。粗饲料应尽量利用落地树叶、大豆荚皮、野干草及玉米秸等。用干豆秸、野干草、玉米秸粉碎发酵后，混合一定量的精饲料喂鹿能提高对粗纤维饲料的利用率。

北方地区冬季寒冷，昼短夜长，要增加夜间补饲，均衡饲喂时间，日喂4次饲料。清晨和日落、中午和半夜，是投料和鹿只采食的最佳时间。

加强老弱病残鹿的饲养，保证安全越冬，是越冬期公鹿饲养管理的一项重要内容。在配种结束后和进入严冬前分别对鹿群进行一次调整，挑选出体质弱膘情差的和病残的鹿只组成老弱病残鹿群，设专人饲养管理。梅花鹿公鹿越冬期精饲料配方见表5-9，饲喂量见表5-10。

表 5-9　梅花鹿公鹿越冬期精饲料配方 （风干基础，%）

饲料名称	1 岁公鹿	2 岁公鹿	3 岁公鹿	4 岁公鹿	5 岁以上公鹿
玉米面	57.5	52.0	61.0	69.0	74.0
大豆饼、粕	24.0	27.0	22.0	15.0	13.0
大豆（熟）	5.0	5.0	4.0	2.0	2.0
麦麸	10.0	10.0	10.0	11.0	8.0
食盐	1.5	1.5	1.5	1.5	1.5
矿物质饲料（含磷≥ 3.5%）	2.0*	1.5	1.5	1.5	1.5
营养水平（%，兆焦 / 千克）					
粗蛋白质	18.0	17.9	17.0	14.5	13.51
总能	16.30	16.72	16.72	16.26	15.97
代谢能	12.29	11.91	12.41	12.37	12.41
钙	0.79	0.65	0.65	0.61	0.61
磷	0.53	0.39	0.39	0.36	0.35

*1 岁公鹿所用矿物质饲料含磷量≥ 10.23%。

表 5-10　梅花鹿公鹿恢复期精饲料供给量 （单位：千克 / 头·日）

饲料名称	2 岁公鹿	3 岁公鹿	4 岁公鹿	5 岁以上公鹿
豆饼、豆科子实	0.3～0.4	0.3～0.4	0.3～0.4	0.3～0.45
禾本科子实	0.5～0.6	0.5～0.6	0.5～0.6	0.5～0.75
糠麸类	0.1～0.13	0.1～0.13	0.1～0.13	0.1～0.15
糟渣类	0.1～0.13	0.1～0.13	0.1～0.13	0.1～0.15
合计	1.0～1.26	1.0～1.26	1.0～1.26	1.0～1.5
食盐（克）	15～20	15～20	15～20	15～20
骨粉（克）	15～20	15～20	15～20	15～20

从立春至清明前后，应按鹿的种类、性别、年龄等，循序渐进增加精料量，并精细加工，调制成疏散型混合精料投喂为宜。

3. 越冬期的管理要点 在 1 月初和 3 月初，按年龄和体况对鹿群进行两次调整，对体质瘦小、发育差的鹿只，采取降级的办法，拨入小锯别鹿群饲养，有利于提高其健康状况和生产能力，也是延长公鹿利用年限的有效措施。

鹿在人工饲养条件下，常因圈舍潮湿，寝床上尿冰积存，地面阴冷，使机体消耗热量而发生疾病，影响健康。因此，冬季鹿舍要注意防潮保温，避风向阳，定期起垫，及时清除粪便和积雪尿冰。寝床地面可铺垫 10～15 厘米厚的软草，在入冬结冰前彻底清扫圈舍和消毒，预防疾病发生。

采用控光养鹿，能提高棚舍温度，避免风雪袭击，可起到保膘、保头，增产增收的双重效益，对老弱病残群的安全越冬尤为重要。

四、母鹿的饲养与管理

饲养母鹿的目标是保证母鹿有健康的体况、良好的种用价值和较高的繁殖力，通过科学的饲养管理，巩固有益的遗传性，繁殖优良的后代，不断扩大鹿群数量和提高鹿群质量。

（一）母鹿生产时期的划分

根据母鹿在不同时期的生理变化、营养需要和饲养特点，可将其生产时期划分为配种与妊娠初期（9 至 11 月）、妊娠期（12 月至翌年 4 月）、产仔泌乳期（5 至 8 月）3 个阶段。养鹿生产中，可按上述 3 个阶段对母鹿实施不同的饲养管理技术措施。

（二）配种与妊娠初期饲养与管理

1. 配种与妊娠初期营养需要 配种期母鹿在生理上表现为

性活动功能不断增强，卵巢中产生成熟的卵子，并定期排卵。母鹿性腺活动与卵细胞的生长发育都需要有足够的营养供给，特别是能量、蛋白质、矿物质和维生素，这是保证母鹿正常发情排卵的关键。只有供给母鹿全价的营养物质，才能保证激素的正常代谢和分泌水平，保证母鹿正常发情、排卵、受配和妊娠。

如果日粮中能量水平长期不足，将影响育成母鹿正常发育，推迟性成熟和适配年龄，缩短其一生的有效生殖时间；会导致成年母鹿发情不明显或只排卵不发情。相反，如果母鹿日粮中能量水平过高，会导致母鹿过肥，使生殖道（如输卵管进口）因脂肪蓄积而狭窄，使母鹿受孕率降低。蛋白质是鹿体细胞和生殖细胞的主要组成成分，又是构成酶、激素、抗体的重要成分。日粮中蛋白质缺乏，不但影响母鹿的发情和受胎，也会使鹿体重下降，食欲减退，导致食入能量不足，同时使粗纤维消化率下降，影响鹿只的健康与繁殖。

日粮中的磷对母鹿繁殖力影响最大，缺磷会推迟性成熟，影响性周期，使受胎率降低。钙的缺乏及钙、磷比例失调，会直接或间接影响繁殖。此外，钴、碘、铜、锰等微量元素对鹿的繁殖与健康也有重要作用，不可缺少。

维生素 A 与母鹿繁殖力有密切关系，维生素 A 不足容易使母鹿发情晚或不发情，或只发情交配不受孕，常造成空怀。

实践证明，配种期母鹿日粮的营养水平对加速配种进度，提高母鹿受胎率有重要影响。在配种期间，如果大批母鹿营养不良，体质消瘦，则会出现发情晚或不发情，推迟配种进度，甚至使一些母鹿不孕。相反，营养供给充足，体况适宜的母鹿群发情早，卵细胞成熟快，性欲旺盛，能提前和集中发情或交配，进而加快配种进度，显著提高受胎率。

2. 配种与妊娠初期的饲养要点　此期的核心任务是使参加配种的母鹿具有适宜的繁殖体况，能够适时发情，正常排卵，并得到有效的交配和受胎，进而提高繁殖率。

首先要使繁殖母鹿与仔鹿及时断乳，并提供足够的蛋白质、能量、矿物质和维生素，通过科学饲养做好追膘复壮。

　　配种期母鹿日粮的配合，应以容积较大的粗饲料和多汁饲料为主，精饲料为辅。精饲料中应由豆饼、玉米、高粱、大豆、麦麸等按比例合理调制，多汁饲料以富含维生素 A、维生素 E 和催情作用的饲料，如胡萝卜、大萝卜、大麦芽、大葱和瓜类为宜。精饲料按豆科子实 30%，禾本科子实 50%，糠麸类 20% 配比。精料供给量见表 5-11。

表 5-11　梅花母鹿精饲料配方（风干基础，%）

饲料名称	配种期和妊娠初期	妊娠中期	妊娠后期	哺乳期
玉米面	67.0	56.2	48.9	33.9
大豆饼、粕	20.0	14.0	23.0	30.0
大豆（熟）		12.0	14.0	17.0
麦麸	10.0	14.0	10.0	15.0
食盐	1.5	1.5	1.5	1.5
矿物质饲料	1.5*	2.3	2.6	2.6
营养水平				
粗蛋白质（%）	15.35	16.83	20	23.32
总能（兆焦/千克）	16.51	16.89	16.89	17.35
代谢能（兆焦/千克）	11.41	12.29	12.25	12.29
钙（%）	0.62	0.88	0.99	1.02
磷（%）	0.36	0.58	0.61	0.67

　　* 配种期和妊娠前期所用的矿物质饲料含磷量 ≥ 3.5%。

　　圈养母鹿每日均衡喂精、粗饲料各 3 次；夜间补饲鲜嫩枝叶、青干草或其他青割粗饲料，10 月份植物枯黄时开始喂青贮饲料，日喂量为母梅花鹿 0.5～1.0 千克，母马鹿 2.0～3.0 千克。

　　初配母鹿和未参加配种的后备母鹿正处于生长发育阶段，为了不影响其生长发育和促进出生晚、发育弱的后备母鹿生长，在饲养中选择新鲜的多汁优质饲料，细致加工调制，增加采食量，促进其迅速生长发育。

3. 配种与妊娠初期的管理要点　母鹿配种期的管理工作，主要抓好以下环节：①母鹿在准备配种期不能喂得过肥，保持中等体况，准备参加配种。②及时将仔鹿断乳分群，使母鹿提早或适时发情。③将母鹿群分成育种核心群、一般繁殖群、初配母鹿群和后备母鹿群，根据各自生理特点，分别进行饲养管理，每个配种母鹿群 15～20 只为宜。④在配种期间，及时注意母鹿发情情况，以便及时配种。⑤加强配种期的管理，参加配种的母鹿群应设专人昼夜值班看管，防止个别公鹿顶伤母鹿。⑥防止出现乱配、配次过多或漏配现象。⑦配种后公母鹿及时分群管理；根据配种日期及体况强弱，适当调整母鹿群。⑧发现有重复发情的母鹿及时做好复配。⑨饲养人员和值班人员要随时做好配种记录，为来年预产期的推算和以后育种工作打好基础。

（三）妊娠中、后期饲养与管理

1. 妊娠中、后期营养需要　妊娠是胚胎在母体子宫内生长发育为成熟胎儿的过程。母鹿的妊娠期历时 8 个月左右，可分为胚胎期（受精至 35 日龄）、胎儿前期（36～60 日龄）、胎儿期（61 日龄至出生）3 个阶段。

母鹿受孕后由于内分泌的改变和胎儿的生长发育，胎儿和母鹿本身体重逐渐增加。胎儿增重规律是：早期绝对增重有限，只有初生重的10%，但增长率较大，而胎儿后期绝对增重较大，在妊娠 5 个月后，胎儿的营养积聚逐渐加快，在妊娠期的后1～1.5 个月内，胎儿的增重约是整个胎儿初生重的80%～85%，所需营养物质高于早期。妊娠母鹿自身的增重是由于妊娠导致内分泌的改变，使母鹿的物质代谢和能量代谢增强。母鹿妊娠期的基础代谢比同体重的空怀母鹿高 50%，母鹿在妊娠后期能量代谢可提高 30%～50%。实践证明，母梅花鹿妊娠后期增重10～15 千克，初次妊娠的母梅花鹿增重 15～20 千克，妊娠母马鹿增重 20～25 千克，初次妊娠的母马鹿增重 30 千克以上。由此可见，母鹿妊娠期的增重是随胎次的增长而下降的，同时表明未成年母鹿仍处于继续生长阶段，营养需要多，增重大。因此，在饲养标准上初胎母鹿和第二胎母鹿各分别增加维持量的 20% 和 10%，即使是成年母鹿，在妊娠期仍有相当的增重。母鹿的增重对补偿母鹿前一个泌乳期的消耗和为后一个泌乳期贮备营养都是必要的。

总之，胎儿前期是器官发生和形成阶段，虽然增重不多，所需营养量也较少，但确是胚胎发育的关键时期。此时期如营养不全或缺乏，会引起胚胎死亡或先天性畸形。蛋白质和维生素 A 不足，最可能引起早期死胎。妊娠后期，胎儿增重快，绝对增重大，所需营养物质多，在胎儿骨骼形成的过程中，需要大量的矿物质，如供应不足，就会导致胎儿骨骼发育不良，或母体瘫痪。1 只 50 千克重的母鹿，每日需钙 8.8 克、磷 4.5 克。此外，由于母体代谢增强，也需较多的营养物质。因此，妊娠期营养不全或缺乏，会导致胎儿生长迟缓，活力不足，也影响到母鹿的健康。

实践证明，梅花鹿妊娠中期精饲料粗蛋白质水平为16.64%～19.92%，能量水平 16.18～16.97 兆焦 / 千克；妊娠后期精饲料粗蛋白质水平 20%～23%，能量水平 16.55～17.31 兆焦 / 千克，可以满足母鹿生产的需要。

在妊娠期间，母鹿纯蛋白质总蓄积量可达 1.8～2.4 千克，其中 80% 是妊娠后期积蓄的。妊娠后期母鹿的热能代谢比空怀母鹿高出 15%～20%。

2. 妊娠中、后期的饲养要点 妊娠期母鹿的日粮应始终保持较高的营养水平，特别是保证蛋白质和矿物质的供给。在制定日粮时，应选择体积小、品质好、适口性强的饲料，并考虑到饲料容积和妊娠期的关系，前期应侧重日粮质优，容积可稍大些，后期在保证质优前提下，应侧重饲料数量，日粮容积应适当小些。在喂给多汁饲料和粗饲料时必须慎重，防止由于饲料容积过大而造成流产。同时，在临产前半个月至1个月应适当限制饲养，防止母鹿过肥造成难产。

舍饲妊娠母鹿粗饲料日粮中应喂给一些容积小易消化的发酵饲料，日喂量梅花鹿为 1.0～1.5 千克，马鹿为 1.5～3 千克。青贮饲料日喂量梅花鹿为 1.5～2.0 千克，马鹿为 4.5～6.0 千克。

母鹿妊娠期每日定时均衡饲喂精料和多汁粗饲料 2～3 次为宜，一般可在早晨 4 至 5 时、中午 11 至 12 时、傍晚 5 至 6 时饲喂。如果白天喂 2 次，夜间应补饲 1 次粗饲料。日粮调制时，精料要粉碎泡软，多汁饲料要洗净切碎，并杜绝饲喂发霉腐败变质的饲料。饲喂时，精饲料要投放均匀，避免采食时母鹿相互拥挤。要保证供给母鹿充足清洁的饮水，越冬时节北方最好饮温水。

3. 妊娠中、后期的管理要点　整群母鹿进入妊娠期后，必须加强管理，做好妊娠保胎工作。

①应根据参加配种母鹿的年龄、体况、受配日期合理调整鹿群，每圈饲养只数不宜过多，避免在妊娠后期由于鹿群拥挤而造成流产。

②要为母鹿群创造良好的生活环境，保持安静，避免各种惊动和骚扰。各项管理工作要精心细致，有关人员出入圈舍事先给予信号，调教驯化时注意稳群，防止发生炸群伤鹿事故。鹿舍内要保持清洁干燥，采光良好。北方的养鹿场冬季因天寒地冻，寝床应铺 10～15 厘米厚的垫草，垫草要柔软、干燥、保暖，并要定期更换，鹿舍内不能积雪存冰，降雪后立即清除。每日定时驱赶母鹿群运动 1 小时左右，增强鹿只体质，促进胎儿生长发育。

③在妊娠中期，应对所有母鹿进行 1 次检查，根据体质强弱和营养状况调整鹿群，将体弱及营养不良的母鹿拨入相应的鹿群进行饲养管理。

④妊娠后期做好产仔前的准备工作，如检修圈舍、铺垫地面、设置仔鹿保护栏等。

（四）产仔泌乳期饲养与管理

1. 产仔泌乳期的营养需要 母鹿分娩后即开始泌乳，梅花鹿和驯鹿一昼夜可泌 700～1 000 毫升，马鹿泌乳量更高。仔鹿哺乳期一般从 5 月上旬持续到 8 月下旬，早产仔鹿可被哺乳 100～110 天，大多数仔鹿被哺乳 90 天左右。鹿乳浓度较大，营养丰富，其中干物质 32.2%，蛋白质 10.9%，脂肪24.5%～25.1%，乳糖 2.8%，乳中的这些成分均来自于饲料，是饲料中的蛋白质、碳水化合物经由乳腺细胞加工而成。其中乳球蛋白和乳白蛋白是生物学价值最高的蛋白质，饲料中供给的纯蛋白质，必须高出乳中所含纯蛋白质的 1.6～1.7 倍，才能满足泌乳的需要。如果蛋白质供应不足，不但影响产乳量，也降低乳脂含量，并使母鹿动用自身的营养物质，导致体况下降，体质瘦弱。当饲料中脂肪和碳水化合物供应不足时，将分解蛋白质形成乳脂肪而造成饲料浪费。因此，为了促进仔鹿正常生长发育，保证母鹿分泌优质乳，必须在饲料中充分供给脂肪和碳水化合物。

试验研究表明，母梅花鹿泌乳期精饲料中，粗蛋白质水平为 23.6%、能量水平 17.56 兆焦 / 千克时，母鹿乳质量优数量足，仔鹿断乳成活率和体增重也较高。在精饲料粗蛋白质水平为 23.6%～26.6%，仔鹿体增重随着饲料能量水平的提高而提高。

母鹿乳中的矿物质，以钙、磷、钾、氯为主。在 1 000 克鹿乳中，含钙 1.84 克、磷 1.30 克、氯 1.29 克、钾 0.72 克。其他矿物质有钠、镁、硫、碘、铁、铜、钴、锰、锌、锡、硒、钼等。因此，饲料中矿物质供给量应适当，不足时使乳质下降，出现缺乏症；超过安全用量，会造成危害甚至中毒。由于乳中钙、磷、镁含量及比例与乳脂率呈正相关性，因此，必须经常保证骨粉和食盐充足供给。

维生素 A、维生素 B 族、维生素 C、维生素 E 都对泌乳有重要影响。维生素 B 族和维生素 C，在母鹿体内可以合成，一般不易缺乏，而维生素 A 必须由饲料内供给胡萝卜素来补充，否则鹿乳中缺乏维生素 A，对仔鹿生长发育也不利。

泌乳母鹿将胡萝卜素转化为维生素 A 的转化率为 1 克胡萝卜素等于 400 国际单位维生素 A。青饲季节或饲料胡萝卜素含量丰富时，母鹿在肝脏和体脂肪中贮存大量维生素 A，但长期饲喂低质粗饲料时容易导致维生素 A 不足。饲料中缺乏维生素 D 将导致乳中维生素 D 不足，影响母鹿和仔鹿对钙磷的利用。

泌乳母鹿对胡萝卜素的维持需要量为 10 毫克 / 天，仔鹿为 3～5 毫克 / 天，泌乳母鹿的维生素 A 需要量为 100 国际单位 / 千克日粮干物质。

2. 产仔泌乳期的饲养要点 产仔泌乳期母鹿的日粮中各营养物质的比例要合理适宜；饲料多样化，适口性强；日粮的容积应和消化器官的容积相适应；要保证日粮的质量和数量，除喂良好的枝叶，应喂给一定数量的多汁饲料，以利于泌乳和改善乳质量。鹿产后应充分供给饮水和优质青饲料，产仔母鹿消化能力显著增强，采食量比平时增加 20%～30% 左右。

哺乳母鹿每日喂精料 0.5～0.75 千克为宜，其日粮中的蛋白质应占精饲料量的 30%～35%。一些养鹿场在母鹿泌乳初期饲喂适量麸皮粉粥、小米粥或将粉碎的精饲料用稀豆浆调成粥样喂给母鹿，可更好地促进泌乳。母鹿产仔后 1～3 天最好喂一些小米粥、豆浆等多汁催乳饲料。舍饲母鹿在 5 至 6 月份缺少青绿饲料时，每日应饲喂青贮饲料，母梅花鹿饲喂量为 1.5～1.8 千克，母马鹿为 4.5～5.0 千克。圈养舍饲的泌乳期母鹿每日饲喂 2～3 次精饲料，夜间补饲 1 次粗饲料。

夏季潮湿多雨，饲料易发生霉烂。为了保持饲料的品质，青割饲料宜边收边喂，不宜堆积过久。根茎类洗净切成 3～5 厘米长的小段投喂，青枝叶应放置在饲料台上喂给。注意保持饮水洁净充足。

3. 产仔泌乳期的管理要点　对分娩后的母鹿，应根据分娩日期先后、仔鹿性别、母鹿年龄将其分成若干群护理，每群母鹿和仔鹿以 30～40 只为宜。

在夏季母鹿舍应特别注意保持清洁卫生和消毒，预防母鹿乳房炎和仔鹿疾病的发生。哺乳期对胆怯、易惊慌炸群的鹿不要强制驱赶，应以温驯的骨干鹿来引导。对舍饲的母鹿要结合清扫圈舍和喂饲随时进行调教驯化。

在母鹿群大批产仔阶段往往会出现哺乳混乱现象，致使一些仔鹿吃到几个母鹿的乳汁，另外一些仔鹿则吃不到或者吃不饱。因此要求饲养员责任心强，工作细心，对弱仔及时引哺或人工辅助哺乳，对缺乳或拒绝哺乳的母鹿注意护理，加强看管和调教，对恶癖鹿要淘汰。

五、鹿场管理周年历

一月：时值茸鹿越冬期的三九寒天，对茸鹿要喂夜草、热料，多喂高能饲料玉米，并以泡透煮开花的玉米粒为佳；喂多种粗饲料和矿物质饲料，适时满足温的饮水；购贮豆饼和大豆，安装或检修磨、煮豆浆的设备；20 日前后对三锯以上的大公鹿始喂青贮，并开始加料；做好"防寒、防冻、防火、防毒"四防工作。

二月：给大公鹿继续加料，以喂熟的磨大豆浆泡料为佳；确保鹿群安静、圈内不滑、饮水锅里有足够洁净温水；对老、弱、病、残和咬毛严重的鹿加强饲养管理；制印出脱盘记录等十几种生产记录；下旬开始记录马鹿脱盘记录；联系购买饲料地用的苜蓿、籽粒苋和饲料玉米的种子，以及全年用的兽药、麻醉剂、鹿耳标及耳号钳子等。

三月：月初给繁殖母鹿和大公鹿加料，对二锯公鹿 20 日始加料，对马鹿大公鹿开始喂含高蛋白的饲料；按左右侧记清脱盘记录，适时对育成鹿采用"破桃墩基础"技术；抢运出舍内积雪粪便，堆成大堆发酵后运到饲料地；在饮水锅中放入适量的双花、甘草或人工盐；防止桃花水冲入鹿圈，避免风灾，杜绝火灾，严防精饲料变质；对育成公、母鹿分群饲养管理，淘汰一批老、病、弱鹿，遇到"骆驼脖、提拉步、耷拉耳朵、掐掐肚"等病鹿及时淘汰，饲喂时间变为早晚各 5 时、中午和夜间各 11 时，每天喂 4 顿；下旬时打开棚舍的后窗。

四月：对马鹿大公鹿每天喂 2 顿青贮，梅花鹿大公鹿始喂含高蛋白质的饲料；对成年母鹿喂 1 顿青贮，调控母鹿膘情，对太胖的尤其是初产的应减料，每天定时对繁殖母鹿进行驱赶运动；对头锯公鹿 20 天始加料；对幼鹿加强过门和场内驯化；做好花公鹿脱盘记录，并按脱盘时间喂给中药增茸灵等添加剂饲料；栽植饲料林，做好公鹿收茸、母鹿产仔、饲料地播种前的各项准备工作；注意防风害、检修好木杆或木板夹的圈墙、鹿舍的棚瓦、脊瓦；下旬播种饲料玉米和籽粒苋等；对圈舍和器具彻底清扫（洗）消毒。

五月：月初趁天气好，对产仔母鹿圈彻底清扫消毒后，安装好仔鹿保护栏，栏内铺好垫草或装好木板小床，埋好黄泥拌盐的"盐窝子"；制订并实施产仔计划；上旬制订出本年度收茸规格标准，组成验茸小组并开始验收马鹿茸，20 日前后验收花二杠锯茸，在下午下班前验好翌日晨应锯的茸；在早饲前，锯茸接血；做好初生仔鹿刻耳号和戴耳牌、称体重、测体尺、注射结核菌疫苗和治疗病鹿等工作；上旬抓紧抢种玉米、大豆等，并及时购进除草剂和化肥；确保玉米面和粗饲料不发霉；气温高的地方可收割头茬苜蓿喂鹿；鹿场要进行第二次彻底清扫（洗）消毒。

六月：鹿业生产的关键月。前半月检修安装铡草机，铡鲜绿粗饲料并试喂 1～2 周；6 月初遇骤变低温天气前，要事先给仔鹿床铺足清洁、柔软、干燥的垫草，注意观察，及时治疗仔鹿下痢。20日前后应注意仔鹿脐带炎、坏死杆菌病；中旬始验收花三杈锯茸，初选种公鹿；当20日前后进入雨季后应特别注意检查已加工的鹿茸；对玉米面的保管、调剂及青贮的质量需十分注意，凡霉败的绝不喂鹿；在10日前后适时收割头茬苜蓿和籽粒苋；修好场内外的排水沟，以避免暴雨或山洪带来的水害，适时验收初角再生茸；已锯茸非种用的壮龄公鹿精饲料减到1千克或停料；下旬始验收二锯鹿鹿茸。

七月：10日前后，验收二锯、头锯马鹿鹿茸，除种鹿外，梅花鹿大公鹿开始停料，但要补饲盐直到给料时；哺乳母鹿精饲料日量达一年中的最高，并给夜料、夜草，对仔鹿开始补饲精饲料；20日前后始收马鹿大公鹿再生茸、花二锯鹿的二杠锯茸；下旬始收铡早种的全株玉米喂鹿。

八月：鹿业生产的第二个关键月。月初备好驯化用的豆饼和优质大豆；上旬进行鹿场第三次彻底清扫消毒，并检修好各圈的圈门、饲槽、水槽或水锅台和运动场地面；上、中旬收割第二或第三茬籽粒苋和苜蓿等；下旬联系订购商家，收割鹿柴，收割青贮、枝叶饲料；上旬收完马鹿再生茸，中旬收完花鹿再生茸，都不应拖延时间，结合收再生茸进行第二次选种，适时注射有关疫苗并对健壮生产公鹿采血；适时收取头、二锯花鹿鹿茸和初角再生茸，不停料，也不减料；哺乳母鹿于离乳前1周减料，但粗饲料应量足质优。

九月：实施鹿的配种，9月15到20日开始马鹿人工授精工作，至10月10到15日为佳期；10日前后开始抓紧青贮饲料，并联系收购带穗玉米秸和胡萝卜及其青贮；鹿茸加工室人员先后转入鹿的副产品深加工、鹿的配种和收购玉米秸等工作；20日前后抓紧离乳仔鹿驯化，给仔鹿和配种母鹿饲喂胡萝卜或大萝卜，给配种种公鹿喂大葱或大萝卜，给生产公鹿饲喂南瓜。制订生产年度（9月至翌年8月）计划、各项技术措施和制度，签订承包或租赁合同，解决流动资金或银行贷款或集资。

十月：鹿业生产的第三个关键月。实施鹿的配种，月初育成鹿混群配种，5 到 20 日实施花鹿人工授精，月初始收贮饲喂黄柞树叶、玉米秸、秋鹿柴及胡萝卜，玉米秸应铡了喂鹿；收贮饲料种子；清理好圈舍和场周围的水沟；下旬对生产公鹿投给或增加精饲料；月末前做好冬季防寒供暖的各项工作。

十一月：马鹿于 5 日、花鹿于 15 日前后天气好时，对配种公母鹿分群，结束配种，之后加强对种公鹿和老龄鹿的饲养管理，驯化好仔鹿并及时出牧；下旬开始对放牧鹿给予夜间补饲黄柞树叶或羊草，一直到翌年 3 月；收贮豆秸和豆荚皮等冬贮饲料；饲喂的玉米秸应挑出发霉的，并现喂现铡。

十二月：收贮并保管好冬春用饲料，最好收贮带棒玉米，20 到 25 日点清并上账存栏鹿只数、主副产品量；整理出各项生产记录，并登记生产记录卡，再统计分析得出技术业务和财物等各方面的科学数据和技术参数，做好总结、上报、存档工作。

第六章
鹿的繁育

　　鹿的繁育工作在茸鹿养殖中占有重要地位。鹿群生产性能的高低，直接关系到有关生产者的切身利益。现在的茸鹿饲养业，不仅需要鹿群的数量增加，而且其内在的质量也需要相应地提高，才能满足社会发展的客观需要。因此，充分搞好鹿的繁育工作，就能为这种客观需要提供直接保障。其主要的任务就是繁殖和扩大优良种群，培育出生活力强、生产力高的鹿群，以至培育出新品种，更好地为生产服务。

一、茸鹿的生理特点

（一）性成熟和适宜的初配年龄

　　性成熟即是生殖生理上的成熟，此时鹿可以生成成熟的精子和卵子，并有性行为。茸鹿的性成熟与品种、类型、性别、遗传状况、营养情况及个体发育等因素有关，梅花鹿比马鹿早，雌性早于雄性，同一品种鹿营养状况好和个体发育快的性成熟也早。性成熟期，梅花鹿母鹿在 16 月龄左右，发育良好的鹿 7 月龄就达到性成熟，公鹿为 20 月龄左右；马鹿约为 28 月龄，但部分鹿16 月龄即达到性成熟。

　　适宜的初配年龄，梅花鹿母鹿为 16 月龄、公鹿为 40 月龄

（三锯公鹿）；马母鹿为 28 月龄、公鹿 40 月龄（三锯）。

（二）茸鹿的性行为

性行为的表现形式为求偶、爬跨、射精、交配结束。发情公鹿追逐发情母鹿，闻嗅母鹿尿液和外阴之后卷唇，当发情母鹿未进入发情盛期而逃避时，昂头注目、长声吼叫；若发情母鹿已进入发情盛期，则伫立不动，接受爬跨，公鹿两前肢附在母鹿肩侧或肩上，当阴茎插入阴门后，在 1 秒钟内完成射精动作。公鹿的交配次数，在 45～60 天的实际交配期，梅花鹿达 40～50 次，高峰日达 3～5 次，每小时最高有 5 次的；马鹿达 30～40 次，高峰日达 3～5 次。一般说来，梅花鹿交配次数高于天山马鹿，而天山马鹿又高于东北马鹿。母鹿受配次数，马鹿为 1.3～1.6 次，其中，仅交配 1 次的占 80% 左右。

影响鹿性行为的因素：①遗传因素。进入成年后的母鹿较稳定。②外界环境和气候因素。如轰赶鹿群或拨鹿时，阴雨天气、早晚凉爽时，性行为都明显活跃。③性经验。配过种的种公鹿表现明显、充分、能力强；而性抑制，尤其对初配公母鹿受惊吓、鞭打以及生人或陌生景物的突然出现，轻者引起交配时机错后或错过，重者则使种公鹿失去配种能力。④配前性刺激。例如采取试情配种，迟放种公鹿，则引起种公鹿性行为表现充分，性冲动时间长。

（三）发情规律

1. 发情期　茸鹿是季节性的发情动物，在我国的北方（北纬 40° 以北地区），茸鹿发情季节为 9 至 12 月份，梅花鹿有时可延续到翌年 2 至 3 月份。梅花鹿的正常发情交配期为 9 月 15 日至 11 月 15 日两个月，旺期为 9 月 25 日至 10 月 25 日约 1 个月时间，在整个发情交配期里，可经历 3 至 5 个发情周期。马鹿的发情交配期一般为 9 月 5 日至 12 月 5 日，旺期为 9 月 15 日至 10 月 15 日，在整个发情交配期里，可经历 1～3 个发情周期。

2. 发情高峰日的发情率　在第一个发情期里，发情高峰日的发情率梅花鹿为 11%～15%，马鹿为 15%～19%。由于地理、气候因素的影响，个别年景发情交配日期可提前或延后 1 天。

3. 发情周期　茸鹿在发情季节里，经过一定的间隔时间出现 1 次发情现象，即相邻两次排卵的间隔时间视为发情周期。梅花鹿一般为 12～16 天，马鹿为 16～20 天。健康、壮龄、体膘好的发情周期稍短，老龄、体膘差的稍长。

4. 发情持续期　发情持续时间指母鹿在每次发情时持续的一段时间。该段时间又分为初期、盛期和末期，其中，盛期指母鹿性欲亢进并接受交配的一段时间。梅花鹿的发情持续时间一般为 24～36 小时，发情经 11～12 小时进入盛期；马鹿为 24 小时左右，发情经 6～7 小时进入盛期。一般有 50% 左右的茸鹿是在发情盛期接受交配的，此期交配的受孕率在 95% 左右。发情的初期和末期，母鹿一般都拒绝交配。对于初配母鹿的追配和老弱鹿的强配，以及趁母鹿只顾采食草料时的偷配，均属不正常的交配，并且要返情。

5. 产后第一次发情　梅花鹿一般为 130～140 天，马鹿一般为 120～130 天。个别在 8 至 9 月份，甚至 10 月初产仔的健康壮龄母鹿，如果仔鹿死亡或断乳，仍可在 12 月 20 日以前发情、受配、妊娠。

6. 异常发情　梅花鹿有间歇 1～6 天发情的，约占 4%；有安静状态下发情（即隐性发情）的，约占 1%，多见于配种初期和初配的青年母鹿；也有短促发情和孕后发情的。除上述 4 种异常发情之外，马鹿在发情配种旺期，还能遇见成批的应激发情，并且大多数正常受孕产仔。

7. 发情表现　包括行为、生殖道和卵巢变化三个方面。公鹿的发情表现为争斗、磨角、卷唇、扒地、颈围增粗、顶人或物、长声吼叫、食欲减退、边抽动阴茎边淋尿。母鹿的发情表现，初期为兴奋不安、游走、叭嗒嘴，有时鸣叫，愿意接近公鹿但拒配；发情盛期表现为站立不动、举尾拱腰、接受爬跨，常常表现泪窝开张、摆尾频尿、阴门肿胀、流出蛋清样黏液、嗯嗯低呻，或头蹭公鹿，摆出交配的姿势接受公鹿交配；发情末期表现，母鹿变得安稳、拒配，阴门的黏液由蛋清样变为橙黄、最后红褐色，并且干涸在阴毛上。根据鹿的表现可以判断是否发情。

二、鹿的配种

目前，我国饲养的鹿中因驯化程度不同而存在着或多或少的野性，特别是发情公鹿粗暴凶猛，让人难以接近，故在生产上多采用自然交配方式配种。人工授精方式配种由于大部分养鹿场设备简陋，技术力量缺乏，鹿的捕捉、保定、采精、输精等较家畜困难，尚处于小范围示范推广阶段，但这种方式便于进行公鹿的精液品质鉴定，能充分利用和发挥优良种公鹿的作用，可加速良种繁育进程，能很快提高鹿群质量，并可减少鹿在配种期的伤亡事故，因此随着社会进步和科学技术发展，自然交配（本交）逐步被人工授精所取代。

（一）配种前的准备工作

1. 鹿群的调整

（1）母鹿群的调整 仔鹿断奶后，按繁殖性能、体质外貌、血缘关系、年龄以及健康状况等，重新组成育种核心群、一般繁殖群、初配群、后备群、淘汰群。核心群以母鹿生产水平为依据，择优挑选，数量一般可在母鹿总数的30%左右，初配母鹿不要与经产母鹿混群。过胖、过瘦的母鹿应单独分圈专门饲养。严格淘汰无饲养价值的母鹿，如不育的、有严重恶癖的、年龄过大又产弱小仔的、患重病的母鹿。也可根据鹿场实际，对于年龄偏高、繁殖能力较低或不具备繁殖体况的衰弱母鹿，经详细检查和全面分析后单独组成小群配种，结合本年发情、配种以及上年产仔等情况决定是否淘汰。要配种的母鹿群大小视圈舍面积和拟采用的配种方法等确定，不宜过大和过小，一般以20～30只为宜，应补给富含维生素的饲料如胡萝卜、麦芽等，每日适当驱赶运动。

（2）**公鹿群的调整** 收茸后，根据体质外貌、生产性能、谱系、生长发育、年龄、后代品质等，重新分成种用群、后备种用群和非种用群。种公鹿要严格挑选，对挑选出的种用公鹿约在8月初开始调整饲料，逐渐减少玉米等能量饲料的比例，增加豆饼等蛋白质饲料和青绿枝叶、胡萝卜、甜菜、麦芽等维生素类饲料的喂量，同时加大运动量，每日于上、下午各运动1次，每次不少于30分钟。凡在配种准备期运动充分的种公鹿，性欲好，追逐能力强，能较多地承担配种任务。

考虑到：①有的公鹿虽被选为种鹿，但不会交配，或只配几次，或因患病、意外事故不能再参配。②有的已配母鹿因返情需要重配，有的公鹿对母鹿不必要的几次复配，常常不能完成预计的配种任务。③在配种高峰期，每日发情母鹿只数多，要有足够数量种公鹿才能保证它们的配种。所以，种公鹿的比例一般不能少于参配种母鹿总数的10%。

另外，公鹿圈应安排在鹿场的上风向，母鹿圈应安排在鹿场的下风向，并尽可能拉大公母鹿圈两区间的距离，以免在配种季节因母鹿的发情气味诱使公鹿角斗、爬跨而造成伤亡。

2. 配种方案的制订和用品的准备 在配种开始前，根据本场实际和育种目标，结合过去在选种选配效果方面的资料事先选定并搭配好某只（某些）公鹿应与某些母鹿交配，制定好配种方案。因运作中常有意外，故应有数只后备种公鹿。通常育种核心母鹿群用最好的公鹿配；一般繁殖母鹿群用较好的公鹿配，也可用一部分多余的最好公鹿配；初配母鹿用成年公鹿配；准备淘汰的母鹿群虽然总体上都较差，或许某个方面（特别是高产基因）

较高的价值，因此在条件许可的情况下也要用较好的公鹿配。

要备足医疗药品、器具和圈舍维修材料并准备好配种记录本。

3. 圈舍的检修　在配种开始前，应对圈舍进行全面的检修，保证地面平整，防止跑鹿和伤鹿。

（二）发情鉴定

母鹿的发情鉴定，主要有直接观察法、直肠检查法和公鹿试情法。

1. 直接观察法　是用肉眼观察母鹿的外部表现和精神状态，来判断母鹿的发情情况。例如发情母鹿食欲减退、兴奋不安，在圈内沿围墙离群游走，外生殖器官肿胀，尿频繁，主动爬跨其他鹿或接受其他鹿爬跨。此时，即可以进行适时交配或人工输精。

（1）发情前期及征兆　母鹿鸣叫，躁动不安，离开鹿群乱跑动，不爱吃精粗饲料，嗅闻别的母鹿的外阴部，并爬跨别的母鹿，不接受别的鹿只爬跨。

（2）发情期及征兆

①发情初期　接受爬跨并站立不动，眼光锐利。阴门有少量或没有黏液流出。

②发情盛期　发情开始数小时进入中期，也是发情最盛期。母鹿表现活跃的性冲动，爬跨鹿也被其他鹿爬跨。阴门有黏液流出。

③发情末期　接受爬跨，但精神表现安定一些。阴门黏液量少。

整个发情期大约持续 36 小时。

2. 直肠检查法　由于母鹿的发情期比较短，卵泡变化快，一般不好掌握。当出现隐性发情及其他不完全发情的情况下，可以通过直肠检查，直接触摸卵巢方法以确定是否发情。由于马鹿的直肠比较粗大，一般人均可进行此项检查；梅花鹿的直肠比较细，只有手相当小的人可进行此项检查。检查时，指甲应修剪磨光，用来苏水等冲洗，再用肥皂水擦拭肛门或把少量肥皂水灌入直肠，排除蓄粪，以利于检查。

（1）**卵泡出现期**　有卵泡发育的卵巢，体积增大。卵巢上卵泡发育的地方为软化点，波动不明显，此时的卵泡直径 0.5 厘米左右，发情表现不明显。

（2）**卵泡发育期**　卵泡进一步发育，直径达 1.0 厘米左右，呈小球形，部分突出于卵巢表面，波动明显。

（3）**卵泡成熟期**　卵泡体积增大，直径达 1.2～1.4 厘米，卵泡液增多，卵泡壁变薄，紧张性增强，波动明显，大有一触即破之感，即将排卵。

3. 公鹿试情法　用试情公鹿寻找和发现发情母鹿的方法。应当选择 2～3 岁性欲旺盛的公鹿作为试情公鹿。为避免试情公鹿与发情母鹿交配，对试情公鹿做输精管结扎术或阴茎移位手术，或者戴上试情兜布。切记将试情兜布戴牢，防止错位（图6-1）。试情时，将公鹿牵入母鹿圈中，公鹿就会闻嗅、追逐母鹿，当母鹿对公鹿产生兴趣、并站立不动接受公鹿的爬跨，即表明已达发情高潮，可适时配种。

图6-1　公鹿试情示意图

4. 母鹿的同期发情　鹿的同期发情是对群体母鹿采取人

为措施（主要是激素处理）使其发情相对集中在一定时间范围内的技术，亦称发情同期化。具体地说是将原来群体母鹿发情的随机性人为地改变，使之集中在一定的时间范围内，一般在2～3天内。

针对目前我国饲养的茸用鹿的生产情况，主要以饲养梅花鹿和马鹿为主，广大经营者能从人工授精技术获得收益，积极要求做同期发情，为同期发情的广泛开展打下客观基础。

当前，我国茸鹿养殖业中，普遍采用的同期发情方法是放置阴道栓法。阴道栓有国产和进口两种。

所用的阴道栓主要是CIRD，呈"Y"形（图6-2），中间为硬塑料弹簧片，外面包被着发泡的硅橡胶，硅胶孔的微孔中含有孕激素，栓的前端有一速溶胶囊，含有一些孕激素与雌激素的混合物，后端系有尼龙绳。用特制的放置装置将阴道栓放入母鹿的阴道内，注意应将带尼龙绳的一侧放在阴门这边，便于日后的收取。放置时间一般为9～12天，就可取出。一般采用麻醉取栓，同时肌肉注射一定剂量的孕马血清。在取栓时若采用本交或直肠把握输精的可以集中取栓，若采用腹腔镜输精则需要按照每小时6～8只的速度取栓。

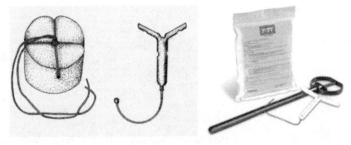

图6-2　阴道栓示意图

取栓后48～62小时内就可以比较集中发情，可以进行有效的配种工作。

在采用人工授精前 24 小时停料、12 小时前停水，以利于顺利进行人工授精工作。

（三）配种方法

1. 自然交配　自然交配有以下 4 种分类法：①按配种圈中放入公、母鹿的数量多少，可分为群公群母配种法、单公群母配种法、单公单母配种法。②按母鹿群中的公鹿是否在配种期间替换，可分为一配到底法和适时替换法。③按配种时公鹿与母鹿一天之内同在一起的时间长短，可分为常驻配种法、昼配夜息配种法、定时放入配种法。④按配种前母鹿群中是否放入试情公鹿，可分为试情配种法和非试情配种法。

在实际配种工作中，几种配种方法可结合使用，如配种期开始前用 1 只公鹿试情，配种开始后用 1 只公鹿常驻，配种旺期可定时或白天看配，做到随配、随拨、随换，配种收尾期也可用 1 只公鹿常驻。鹿场应根据自己的人力、圈舍等条件确定适宜的配种方法。

（1）群公群母配种法

①群公群母一配到底法　在配种开始前，按 1:（3～5）的公母比例，将选好的公鹿全部放入母鹿群的圈舍内合群饲养。直到配种结束，但在整个配种期间若遇有的公鹿患病、体质衰弱、性欲不强、失去配种能力时，应及时拨出医治或休养，拨出后不再另外增补其他公鹿。在配种旺期，应采用哄鹿截王助配，不让"王子鹿"霸占整个鹿群，多给其他公鹿参配的机会，以提高母鹿受胎率。在配种后期，可拨出剩余公鹿，只留少数精干公鹿继续配种，这有利于已配母鹿的妊娠。

②群公群母适时替换公鹿配种法　在配种开始前，按 1:（5～7）的公母比例，将选好的公鹿全部放入母鹿群内合群饲养，在整个配种期间一般要更换公鹿 1～2 次。根据配种进度，在适当时候如配种旺期到来时，用下批公鹿替换上批公鹿。第一批公

鹿多为育成公鹿，引诱母鹿早发情，第二批或第三批公鹿应为壮龄优良种公鹿。在大多数母鹿受胎后，母鹿群仅留下少量体格较壮的公鹿继续配种，其余公鹿拨出单独饲养。

群公群母配种法是原始落后的配种方法，除放牧鹿场仍使用外，非放牧鹿场现已少用。此法简单省事，占用圈舍少，需要公鹿较多，公鹿因争偶角斗和多次交配母鹿造成公、母鹿伤亡较多，容易发生近亲繁殖（尤其是群公群母一配到底法），受孕率虽较高，但后代系谱不易分清。

（2）单公群母配种法

①单公群母一配到底法　先将母鹿分成 15～20 只的小群，在配种开始前，向母鹿群放入 1 只已经严格选择和精液检查优良的公鹿，而且在整个配种期间不替换公鹿。此法不用频繁拨公鹿，饲养员的劳动强度不大，后代系谱清楚，能提高公鹿的利用率，但选配不细致，不易掌握交配发生情况。

②单公群母适时替换公鹿配种法　先将母鹿分成 15～30 只的小群，在配种开始前，向母鹿群放入 1 只选好的公鹿，在配种进程中通过认真细致的观察、记录以及分析、根据公母鹿发情、配种等具体情况，在适当时候替换公鹿直至配种结束。一般而言，在配种初期和末期每隔 1～2 周替换 1 次公鹿，但在配种旺期替换公鹿应勤些，每隔 3～7 天替换 1 次，若遇一天发情母鹿较多时，公鹿交配 2 只母鹿后拨出休息，换入其他备用公鹿与其余发情母鹿交配，否则要影响母鹿受胎率。此法能提高母鹿的受胎率，若不值班看配，后代系谱不易分清。

③单公群母日配夜息配种法　在每日早晨向母鹿群放入 1 只选好的公鹿，傍晚配种完毕后将公鹿拨出。每日放入的公鹿都可根据具体情况适当变换。此法可在白天集中精力看配，能做到配种记录完整和系谱清楚，母鹿的受胎率较高，利于鹿的休息，但每日要拨公鹿 2 次，劳动强度较大。

④单公群母定时放入公鹿配种法　只在每日确定的时间里

（特别是早晨和傍晚，因母鹿发情多集中在晨昏这两段时间）向母鹿群放入 1 只选好的公鹿。每次放入的公鹿都可根据具体情况适当变换。此法能够准确做好配种记录，虽拨公鹿麻烦，但一般不会漏配。

单公群母配种法与群公群母配种法相比，可以做到选种选配，只要值班看配，能较准确地做出配种记录，后代系谱较清楚，也能较好地利用种用价值高的公鹿，较快地提高鹿群质量，鹿的伤亡较少，受胎率较高，但占用圈舍较多，饲养员的劳动强度较大。后三种配种法在放牧鹿群的合群和分群时较麻烦。

（3）**单公单母试情配种法**　在发情期内每日（可 2～3 次，最好定时）将 1～2 只试情公鹿放入母鹿群（20～30 只），根据母鹿对试情公鹿的行为表现，判断发情时期；若有母鹿被试情公鹿识别出已进入发情盛期，将发情盛期母鹿拨入已有 1 只选定种公鹿（可交换）的单圈内配种，或将母鹿和经过统选的公鹿从各自原圈拨出驱赶到预定的地点（如配种小圈等）配种，配后应及时拨出母鹿。试情公鹿多由育成公鹿担当，性欲应强。当试情公鹿嗅闻母鹿后欲爬跨时，要立即强行分开公母鹿，阻止它们达成交配；也可结扎试情公鹿的输精管，或给试情公鹿戴试情布，以挡住其阴茎插入发情母鹿的阴道，此法既能提高优良种公鹿的利用率，又能按个体选配方案进行配种，可防止近亲交配，母鹿的受胎率高，后代系谱清楚，但需较多人力和场地，或采用视频监控。

2. 注意事项

（1）**合群时间**　公、母鹿的合群时间随拟采用的配种方法不同而异。母鹿在一天中多集中在早晨 4 至 7 时和傍晚 17 至 22 时发情。因此，在配种期公、母鹿每日合群的时间应集中在这两段时间以便于看管和记录。

（2）**种公鹿的合理使用**　在配种期应合理使用种公鹿，若使用太少，则发挥不出优良种公鹿应有的作用；若使用太多，又影响其健康，容易造成与配母鹿空怀。以每只种公鹿平均承担10～20只母鹿的配种任务为宜。种公鹿每日上、下午各配1次较好，两次配种应间隔4小时以上，连配2天后应休息全日。若某天早晨或傍晚几只母鹿同时发情，应每配1只母鹿，更换1只种公鹿，不能用同一只种公鹿接连配完这几只发情母鹿。交配次数过多和频配的种公鹿常常很快变得消瘦，而且到后期不能很好配种。

替换下来的种公鹿最好单圈专门饲养。休息一段时间后仍可参加配种。因此，必须有节制地使用种公鹿，才能有利于保持种公鹿的配种能力和提高母鹿的受胎率。

（3）隐性发情母鹿的配种 有的母鹿（特别是初配母鹿）发情特征不明显，交配欲也不太强，但其卵泡却已发育成熟或排卵，对这类隐性发情的母鹿可利用性欲旺盛的种公鹿追配，必要时采取堵截母鹿助配方法；也可用人工输精方法使其受胎。

（4）值班看管 值班看管的主要任务是及时阻止公鹿间以及公、母鹿间的角斗，发现角斗受伤立即隔离医治；观察配种，做好配种记录，严防跑鹿等。

公鹿配种期是看护的关键时期，必须安排人员昼夜值班。公鹿中有的性欲不强，有的又非常狂暴，注意不要殴打公鹿，否则会造成顶人、顶母鹿等恶癖。如有公鹿试图顶人，要稳健、快速地躲避。

种公鹿换群时，常会恋群、难拨，要人慢慢驱赶，或采用运输工具运输等办法，不可鞭抽棍打种公鹿。操作尽量保持安静。

参配过的公鹿在替换下来后不应马上与未参配的公鹿混圈饲养，因为凡从母鹿圈拨出的参配公鹿再回大群，大圈公鹿多会群起而攻之，使其无处容身，所以要利用小圈单独饲养，每日配完后就到小圈休息，待配种结束一段时间后一次归群，并专人看护，直到全群安定为止。

公母鹿合群配种时，要有专人看管，同时做好发情配种记录。有的母鹿对公鹿有择偶性，有的公鹿放入母鹿圈后，遭到母鹿攻击，如啃、咬、扒、围攻等，常被撺到圈舍一角，这些现象多发生在母鹿年龄较大，而参配公鹿年龄较小、体质不好、性欲不佳的情况下，此时应及时替换种公鹿。刚配完种的鹿不要立即饮水。

（5）**返情母鹿的补配**　母鹿由于种种原因不一定都受孕，部分未孕母鹿可能再次出现发情。为了减少空怀率，必须经常观察已配母鹿，一旦发现返情母鹿，应及时用种公鹿补配。有的鹿场将发情母鹿配种后拨入另一个圈内，重新组成已配母鹿群，并放入 1 只种公鹿，以便对返情母鹿及时补配，此法较省事，效果也较好，但应值班看配，否则后代谱系难分清。

3. 母鹿不育的原因及对策　母鹿不育的原因是比较复杂的，但大致原因及其对策如下。

①先天性不育。主要因生殖器官发育不良造成，这样的鹿应尽早淘汰。

②营养性不育。因疾病或饲养管理差，使母鹿的体况太差，造成胚胎，甚至卵泡不能正常发育，所以不能受孕，或受孕后胎泡消失。这样的鹿可通过治疗疾病及加强饲养，使其达到中等以上的营养水平，可完全恢复繁殖。但对某些患传染病，严重威胁鹿群的，应予以淘汰。

③过于近亲繁殖、母鹿年龄过大，或母鹿群太大等原因造成的不育，可针对性地采取措施，以提高鹿的繁殖成活率。

三、鹿的妊娠与分娩

（一）妊　娠

母鹿经过交配，以后不再发情，一般可以认为其受孕了。另外，从外观上可见受孕鹿食欲增加，膘情愈来愈好，毛色光亮，性情变得温顺、行动谨慎、安稳，到翌年 3 至 4 月份时，在没进食前见腹部明显增大者可有 90% 以上的为妊娠。茸鹿的妊娠期长短与茸鹿的种类、胎儿的性别和数量、饲养方式及营养水平等因素有关。梅花鹿平均妊娠期为 229 ± 6 天，怀公羔为 231 ± 5 天、怀母羔为 228 ± 6 天、怀双胎者 224 ± 6 天，比单胎的短 5 天左右；各类马鹿的妊娠期基本相同，如东北马鹿 243 ± 6 天，天山马鹿 244 ± 7 天，其中怀公羔为 245 ± 4 天、怀母羔为 241 ± 5 天。

（二）妊娠诊断

1. 外部观察法　母鹿妊娠后从外部表现上应注意以下一些变化。

①妊娠后发情周期停止。鹿的发情周期 15～17 天，如果配种后 30 天左右尚没有发情征候，妊娠的可能性很大，大群生产中常以不返情率来粗略估计受胎情况。

②母鹿妊娠后，营养状态得到改善，表现为食欲增强，膘情逐渐变好，毛色光滑润泽。

③行为上的变化，孕鹿行动谨慎，活动量减少，安稳嗜睡。

④腹围逐渐增大，特别是妊娠后期腹围增大明显。

⑤妊娠中期以后，乳房逐渐增大，特别是妊娠后期，乳头明显增大。

外部观察法是肉眼观察、凭经验判断，误差较大，特别是难以早期确定是否妊娠，其中有些表现须在 3～4 个月以后才能明显看到，为时已晚，同时观察不到者也不一定未孕。必须指出，在配种后的一定时期，观察母鹿是否再发情，据此计算不返情率，用以检验受胎效果。这种计算虽不十分准确，但就目前技术水平看，有一定的实用价值。

2. 阴道检查法　妊娠后，由于胚胎的存在，生殖系统呈现一系列变化。阴道的某些变化则是妊娠的终表现，所以阴道检查也是妊娠诊断的重要方法之一。

阴道检查的重点：①妊娠 3 周后，阴门收缩，阴门黏膜由淡粉红色变为苍白，表面干燥。②开膣检查时，妊娠鹿的阴道开膣器插入困难，感到涩滞。阴道黏膜粉白色，子宫颈紧缩、关闭，内有子宫栓。

本法虽然是一种简易的诊断方法，但因妊娠初期母鹿阴道上述变化不明显，易误诊。例如，有持久性黄体存在时易误诊为妊娠；妊娠后再发情时，易误诊为未妊娠；因此，通常把它作为诊断的一种辅助方法。

3. 超声波探测法　在家畜的妊娠诊断上有一定的实用价值，移植于鹿的妊娠诊断也有一定意义。主要有以下两种探测仪。

（1）A 型仪（美制 II 型）　其原理是探测仪的探头所发出的超声波反射到动物体，在体内传播中遇到腹壁脂肪和胎水的不同界面时，由于声阻不同就发生反射，反射信号在示波屏上显示出来，根据反射信号的位置，就可知道是否妊娠。

（2）多普勒仪（国产 CDL-21 型）　多普勒仪是利用多普勒效应监听体内运动脏器的多普勒信号来进行诊断。方法是：将特制的探头插入母鹿直肠或阴道或贴近腹壁，可以测听到胎儿及母体的血流音、胎儿心音、胎动音等，可以确定早期胎儿存活、多胎等情况。

4. 其他方法　如子宫颈阴道黏液诊断法、阴道活组织检查法、免疫学诊断法、黄体酮含量测定法、激素对抗法等。这些方法有的手续繁杂，有的可靠性差，在此不做叙述。

（三）分　娩

梅花鹿和马鹿的产仔期基本相同，一般在 5 月初至 7 月初，产仔旺期在 5 月 25 日至 6 月 15 日。但是，产仔期也与鹿的年龄、所处的地域或饲养条件等因素有关。产仔期的预测公式主要根据配种日期和妊娠天数推算，梅花鹿预产期是受配的月份减 4，受配日减 13；马鹿预产期月份减 4，受配日加 1 即可算出产仔日期。

1. 分娩表现 分娩前乳房膨大，从开始膨大到分娩的时间一般为 26±6 天，临产前 1～2 天减食或绝食、溜圈，寻找分娩地点，个别鹿边溜边鸣叫，塌肷，频尿，临产时从阴道口流出蛋清样黏液，反复地爬卧、站立，接着排出淡黄色的水胞，最后产出胎儿。个别的初产鹿或恶癖鹿看见水胞后，惊恐万状，急切地转圈或奔跑。大部分仔鹿出生时都是头和两前肢先露出，少部分鹿两后肢和臀先露出，也为正产。除上述两种胎位外都属于异常胎位，需要助产。

2. 正常产程 经产母鹿 0.5～2 小时、初产母鹿 3～4 小时。

（四）产仔期注意事项

产仔圈要求清洁，产仔期到来之前要彻底消毒，并垫好干净的褥草。在整个产仔期应每 10 天进行 1 次产仔圈消毒。产仔期要保持安静，谢绝参观。产仔期要设专人看护，发现难产应及时处理；发现恶癖鹿要及时采取措施，并应密切注视产后仔鹿的各种异常情况，应及时治疗病鹿。产仔哺乳期，圈内应设仔鹿保护栏。应填好产仔记录。

四、种公鹿精液采集及冷冻

（一）公鹿的采精技术

公鹿采精的目的就是每次能够获得最大量的、高质量的精子。根据不同情况，一般采用假阴道采精和电刺激采精两种方法。

1. 假阴道采精法

（1）公鹿的选择 选择性情较温顺、驯化程度高、经过调教的高产种公鹿做采精用。

（2）台母鹿的准备 可用高度驯化、经过调教的发情母鹿当做台母鹿；也可用假台鹿，把它制成可以水平转动、能垂直升降的机械装置；对假阴道实施电动控温，在假阴道外周抹上发情母鹿排出的尿液或阴道分泌物，借此诱导采精公鹿爬跨、排出精液，假阴道采精的其他过程与家畜相同。

2.电刺激采精法 首先采精员要熟练掌握采精器的使用，各式采精器操作方法略有差别。采精前，对采精公鹿用药物麻醉或牢固的机械保定，然后进行采精。采精器的使用应该严格按照电压变动，由低压到高压，间歇刺激的原则进行。否则，容易出现长期低压刺激而射精受阻或阴茎不勃起，或者提前射精而产生污染的精液。此外，若电压突然过高，公鹿受到过度刺激，使排精反射受到损害或影响下次采精。对不同采精方法获得的精液品质比较见表6–1。

表6–1 不同采精法精液量与精液品质比较

鹿别	采精法	采精量（毫升）	精子密度（×10^6）	精子活力
梅花鹿	假阴道法	0.6～1.0	3000～4000	>0.9
	电刺激法	1.0～2.0	1000	>0.7
马鹿	假阴道法	1.0～2.0	1860～3700	>0.8
	电刺激法	2.0～5.0	1380	>0.7

在采精时间以及安排次数上，力争比较合理。因为合理安排种公鹿采精频率是维持公鹿健康和最大限度采集精液的重要条件。对于需要采精的种公鹿，要加强饲养管理，精心呵护，满足营养需要。用于采精的种公鹿在1个配种期内，每周采集1次精液为宜。

（二）精液品质检查

为了鉴定精液品质的优劣，应对精液品质进行检查，以便进行综合全面的分析。检查时做到逐次重点检查与定期全面检查相结合。精液品质检查项目如下。

1. 射精量 射精量因鹿种、个体而异，同一个个体也因年龄、采精方法、技术水平、采精频率和营养状况等有所变化。据吕克润报道，用电刺激法采精，其射精量梅花鹿为1～2毫升，马鹿、驯鹿和杂交鹿（花×马）2～5毫升左右。

2. 色泽　正常精液色泽呈乳（灰）白色或淡黄色，味道略腥。其他颜色均视为不正常，如精液中带有绿色或黄色，即为混有脓液或尿液的表现；带有红色或红褐色，即表明含有鲜血或陈血。凡发现精液中混有其他颜色，应停止采精，对公鹿进行检查治疗。

3. 云雾状　鹿精液密度很大，用肉眼观察时，可看到精子的翻滚现象，称为云雾状，这是精子运动非常活跃的表现，据此可以估计精子活率的高低，分别用＋＋＋、＋＋、＋表示。

4. pH值　新鲜精液的pH值一般为7左右，pH值反映精液的品质。pH值偏低精液品质最好，pH值偏高的精子受精力、生活力、保存效果均降低。测定pH值最简单的方法是用万能试纸比色。用电动比色计测定，结果更为准确。

5. 精子活力　在400～600倍显微镜下检查直线前进运动的精子所占的比例来评定。可用十级评分法评定，视野中100%的精子做直线前进运动的评为1.0分，90%做直线前进运动的评为0.9分，80%做直线前进运动的评分为0.8分，以此类推。

6. 精子密度　检测方法有两种：

（1）估测法　用平板压制标本，在显微镜下根据精子稠度程度不同，粗略分为"稠密""中等""稀薄"三级。根据密度大小确定稀释倍数。

（2）精子计数法　用白细胞计算板计算每毫升精子数。公式如下：

1毫升原精液内精子数＝5个大方格内精子数×5（即计算室共25个大方格）×10（计算室的高度为1/10毫米）＝1立方毫米内精子数×1000（为1毫升精液内精子数）×稀释倍数

7. 精子形态　包括精子畸形率和精子顶体异常率的检查。

（1）精子畸形率　指畸形精子占所检查精子的百分率。检查时，取 1 滴精液做成涂片，待自然干燥后，用 96% 酒精固定 2～3 分钟，再用蒸馏水冲洗后阴干，用美兰或伊红、甲紫、红黑墨水等染色 2～3 分钟，再用蒸馏水冲洗，自然干燥后镜检。镜检总数一般不少于 500 个。计算公式：

精子畸形率 =（畸形精子数 / 所检精子总数）×100%

如镜检 500 个精子，畸形精子数有 5 个，则畸形率 = 5/500×100%=1%。

（2）**精子顶体异常率** 顶体异常有膨胀、缺损、脱落等。

精子顶体异常检查：精液涂片，自然干燥，置固定液上（24 小时前配好的 6.8% 重铬酸钾溶液，使用前 8 份重铬酸钾溶液与 2 份 40% 甲醛混合）固定片刻，取出水洗，再用姬姆萨冲液（3 毫升姬姆萨液 +35 毫升蒸馏水 +2 毫升 pH 值 7 PBS 缓冲液）染色 1.5～2.0 小时，取出水洗自然干燥，树脂胶封闭制成标本，在高倍镜下观察。

pH 值 7 PBS 缓冲液配法：磷酸氢二钠 0.1 摩尔 / 升（3.6 克 /100 毫升）61 毫升与磷酸二氢钾 0.1 摩尔 / 升（1.4 克 /100 毫升）39 毫升混合即可。

8. 其他 如精子存活时间的检查、细菌学检查、冰点下降度、亚甲蓝褪色实验等。

（三）精液稀释平衡

1. 精液的稀释 根据精子活力、密度和精液量确定稀释倍数和稀释液数量，原则是解冻后每 0.25 毫升细管冻精含有效精子数不少于 1 000 万。

（1）**稀释方法** 采出精液后应尽快稀释。稀释时，精液与稀释液的温度必须调整一致（30℃左右），片刻后即可进行稀释。方法是将一定量的稀释液沿杯壁徐徐倒入精液杯内，轻轻摇匀。取一滴稀释后的精液检查活率，如稀释倍数大，先进行低倍稀释（3～5 倍），然后逐渐加大稀释倍数，以免造成稀释性打击。

（2）**稀释倍数** 稀释精液时，添加与精液量相等的稀释液为稀释1倍，或称1:1稀释；如添加2倍于精液量的稀释液即为稀释2倍，或称1:2稀释；以此类推。精液的稀释倍数适当，可以提高精子的存活，如果稀释倍数超过一定限度，精子的存活会随着稀释倍数加大而逐渐下降，以致影响受胎效果。稀释倍数根据精液密度和活力来确定，稀释后确保每毫升有效精子数在0.4亿个以上。

精液适宜的稀释倍数取决于每次输精所需要的精子数、稀释倍数对精子保存时间的影响、稀释液的种类。

稀释倍数的计算方法：已知射精量1毫升，精子密度10亿/毫升，每毫升稀释精液中应含精子数0.4亿。

计算稀释倍数=10亿/0.4亿=25倍，1毫升精液可稀释25毫升，每只母鹿输精0.25毫升，可供100只母鹿输精用。

2. 精液的封装 稀释10分钟后，即可在常温操作台上，用预先按规定打印好的符合NY1181标准要求的细管进行精液分装、封口（超声波封口、热封口或封口粉封口）。

3. 精液的平衡 平衡是把稀释液中的甘油和精子在2～5℃条件下互相作用的时间而言，使甘油对精子起保护作用，达到冷冻时保护精子的目的。

分装后的细管精液用毛巾包裹好放入4℃冷藏柜中平衡3～4小时。

4. 精液的常温（15～25℃）保存 精液的常温保存是利用酸的抑制作用来降低精子的代谢活动。当降低到一定酸度后，精子就受到抑制，在一定的pH值区域内是可逆性抑制，当pH值恢复到7左右时，精子就可以复苏。其方法是在稀释液中加入有机酸和抗生素，再稀释精液，于15～25℃温度中可保存3～5天。

（四）精液的冷冻与解冻

1. 精液的冷冻

（1）**程序冷冻仪冷冻** 按照程序冷冻仪的说明进行操作。如果冻精细管数量不足时，要填充备用塑料细管和细管架以保持最佳冷冻曲线程序自动完成冷冻过程，确保冻精质量。

（2）**冷冻罐冷冻** 冷冻温度控制在 –140℃，初冻温度调节至 –120℃，冷冻时温度回升的最高值不得高于 –90℃，整个冷冻过程控制在 8 分钟。

（3）**自制冷冻箱冷冻** 用自制的冷冻箱冷冻时，冷冻箱的深度应在 50 厘米以上，倒入使冷冻架与氮面保持 2～2.5 厘米高度的液氮，在 4℃环境下将平衡好的细管精液单层均匀铺在冷冻筛中，待氮面平稳后迅速放在冷冻架上（冷冻温度为 –90～–140℃），盖上 5～8 分钟后移除冷冻架，将冷冻筛浸入液氮中即完成冷冻。

2. 冻精检查

（1）**解冻** 用镊子取一支冷冻后的细管精液浸泡于（38±2）℃温水中并晃动，待完全溶解后立即取出，用吸水纸巾或纱布擦干水珠。

（2）**镜检** 用细管剪先剪去超声波封口端，再剪去棉塞端，将细管内的精液全部置于一小试管内混匀，然后镜检，冻精活力 ≥ 30%（即 0.3），顶体完整率 ≥ 40%。

3. 冻精包装

（1）**拇指管包装** 包装应在液氮中进行，包装后的细管冻精其棉塞端应在拇指管的底部，不得倒置。将装有细管冻精的拇指管放入液氮罐中的提筒内。

（2）**纱布袋包装** 用纱布袋进行包装时，在其上预先填写冻精内容，侵入液氮预冷后再装入细管冻精，然后将其放入液氮罐中。

（3）**标记** 在提筒上填写上冻精内容（生产单位、公鹿代号、支数、活力、生产日期）。

（4）**贮存** 冻精贮存于符合规定要求的液氮罐中，每周定时加一次液氮，冻精必须始终浸在液氮中。

（五）精液 XY 分离新技术

1. 原理　在哺乳动物（家畜）中，通常 X 精子的 DNA 含量比 Y 精子多 3.0%～4.5%。经过处理的精子与荧光染料（Hoechst33342）在一定条件下共同孵育染色，让这种活细胞染料与精子 DNA 的 AT 富含区域结合。X、Y 精子在 DNA 含量上的差异使其结合的荧光染料量也有差异，当它们被激光照射时，所释放出的荧光信号强弱也有差异（X 精子较强）。此信号通过仪器、计算机系统扩增和识别。当含有精子的液体离开激光系统时，变成含精子的微液滴并被充上正（X 精子）或负（Y 精子）电荷，并借助于偏斜板（电场）把 X 或 Y 精子分别引导到 2 个收集管中，分辨不清的精子被抛弃（图 6-3）。

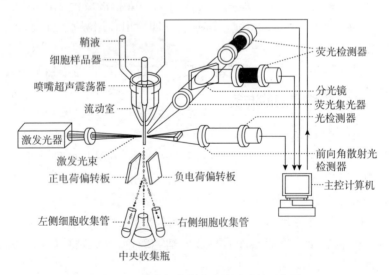

图 6-3　流式细胞仪分离精子过程示意图

2. 应用　在国内，高庆华、魏海军和都惠中对茸鹿精液分离、AI、MOET 进行了一系列研究，2006 年 9 月成功分离梅花鹿精液，速度已能达到每秒分离 X、Y 精子各 4 500 个，准确率超过 90%，并且进行了直肠把握（对马鹿）和内窥镜（对梅花鹿）的低剂量输精实验，获得了一批预知性别的后代，产下的后代没有明显的表型或基因型变化。随着流式细胞仪在分选效率进一步提高成本大大降低后，X、Y 精子分离的性别控制能够成为茸鹿高效快繁的常规技术。

五、鹿的人工授精

随着养鹿业的发展，鹿的配种方法也在不断改进，由原来的群公群母大群配种，逐渐演变为单公群母或单公单母配种，这对于提高鹿群质量和减少种公鹿的伤亡起到了积极作用。但与人工授精的配种方法相比，还有很大差距。目前，鹿的人工授精受胎率亦有相当大的提高，有些鹿场为了改良鹿群，开始采用人工授精新技术。随着养鹿业的发展，鹿的人工授精技术的推广越来越显得重要。

（一）输精前的准备

1. 母鹿的准备 将发情母鹿放在保定器内，用鹿医疗保定器保定或用药物轻度麻醉。然后，用肥皂水洗涤阴户，去除污垢并消毒，并用消毒过的纱布擦干。

2. 器械的准备 输精用具必须严格消毒，玻璃物品可用蒸煮消毒，玻璃输精管不宜放入蒸锅内，可用 75% 酒精冲洗消毒，用前再以稀释液冲洗 2～3 次，橡胶输精管亦可用酒精消毒，金属开腟器可浸在消毒液中消毒。

3. 输精人员的准备 人员要熟练掌握输精技术及操作方法，指甲须剪短磨光，手要洗涤消毒。

4. 精液的准备 输精前应检查精子活力，冻精活力应为 0.3 以上，鲜精在 0.6 以上，每粒（或支）冻精含有效精子 1 000 万以上。

5. 输精枪的选择　选卡苏式输精枪给母鹿输精不易折断，尖端较细容易通过子宫颈管口做深部输精，精液在细管内不易污染，输精确切、无倒流现象。如果使用颗粒冻精，可在解冻后经注射器将精液注入塑料细管内，再将其装入卡苏枪内，剪去塑料细管多余部分，安上套管随即输精。

（二）输精时机

结合发情鉴定，一般在母鹿发情后的 8～12 小时输精。如果采用同情发情技术，马鹿可在取出阴道栓并注射孕马血清（PMSG）后 48～54 小时输精，梅花鹿则在 58～62 小时实施。

（三）母鹿保定和清洗消毒

1. 母鹿保定　保定的方法有两种：①机械保定，可将母鹿拨入保定器内保定，个别母鹿可注 2% 静松灵 2 毫升，附加保定。②用眠乃宁药物麻醉保定，可在圈内卧倒，就地输精。

2. 后躯清洗消毒　母鹿外阴部清洗消毒先用清水洗，接着用 2% 的来苏儿或 0.1% 的新洁尔灭消毒外阴部及周围，然后用生理盐水或凉开水冲洗，最后用消毒抹布擦干。另一种方法是用酒精棉消毒阴门，待酒精挥发后再用卫生纸或毛巾擦干净。

（四）输精方法

目前，人工输精有 3 种方法。

1. 直肠把握法　直肠把握输精法主要适用于直肠围度在 20 厘米以上的梅花鹿。

将麻醉后母鹿抬到操作台上，输精人员一手五指并拢，呈圆锥形从肛门伸进直肠，动物要轻柔，在直肠内触摸并握住子宫颈，使子宫颈口握于手心内，另一手持输精枪，由阴道前庭口斜向与直肠内的手臂呈 45° 缓缓插入，当枪头部位进入后，再将输精枪后端抬起呈平行状态插入，并通过双手相互配合，找到并插入子宫颈口，通过 3～4 个皱褶，注入精液前略后退 0.5 厘米，把输精器推杆缓缓向前推，通过细管中棉塞向前注入精液（图 6-4）。

2. 开膣器输精法　开膣器输精法适用于体型小、直肠围度在 20 厘米以下的梅花鹿。

将麻醉后母鹿抬到操作台上，头向下倾斜 30°角，将开膣器外端涂上润滑剂，徐徐插入阴道，使前端紧靠子宫颈口处，借助光源，找到子宫颈口。将输精枪插入子宫颈内通过 3～4 个皱褶，注入精液前略后退 0.5 厘米，把输精器推杆缓缓向前推，通过细管中棉塞向前注入精液。输精时要轻插、慢注、缓出。输精后静脉注射解麻药（图 6-5）。

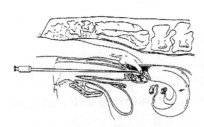

图 6-4　直肠把握输精示意图

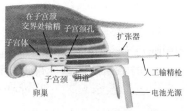

图 6-5　开膣器输精示意图

3. 腹腔内窥镜输精法　将麻醉母鹿仰躺固定于手术架上。梅花鹿乳头前 20 厘米 2 术部备皮，用碘酊喷布，并用 75% 酒精脱碘消毒，然后用洞巾覆盖。将手术架前低后高成 45°～60° 角，用连接二氧化碳减压器的穿刺器在乳头前 10 厘米、腹中线一侧 2～3 厘米处避开可见血管进行腹腔穿刺，腹腔内注入适量二氧化碳，抽出穿刺针，通过穿刺管放入腹腔镜，打开冷光源，观察两侧卵巢卵泡和子宫角发育情况。在穿刺孔的另一侧距腹中线 2～3 厘米处进行相同的腹腔穿刺操作，通过穿刺管将专用输精枪送入腹腔，将精液输到有成熟卵泡发育一侧的子宫角大弯处。输精后皮肤创口缝合1～2针。肌肉注射160万单位青霉素，注射解麻药（图6-6）。

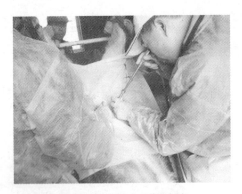

图6-6　腹腔内窥镜输精

（五）输精次数

每一个发情季节应输精1～2次，最多3次。每个发情期应在最佳时间输精1次，如输精后仍有发情症状，可根据发情表现再输精1次。

（六）复发情处理

母鹿输精后，如在下一个发情周期内再次发情，并在11月10日前，要继续进行试情，揭发出复发情母鹿进行再次输精。

（七）公鹿扫尾工作

人工输精工作结束，可利用优良种公鹿查漏补配即进行扫尾本交，公鹿扫尾时间以人工输精后1个情期为好（15～20天），公母比例为1∶15，并做好扫尾时间、公鹿鹿号、放对比例等记录。

六、鹿的胚胎移植

胚胎移植，也称受精卵移植，是将一只比较优良的母鹿在配种后的早期胚胎取出或者由体外受精及其他方式获得的胚胎，移植到另一只同种的生理状态相同的母鹿体内，使之继续发育成为新个体，所以又称人工受胎或借腹怀胎。提供胚胎的个体称为供体母鹿，接受胚胎的个体为受体母鹿。胚胎移植实际上是产生胚胎的供体和养育胚胎的受体分工合作共同繁衍后代的过程。

（一）鹿胚胎移植的基本原则

1. 胚胎移植前后所处环境的同一性 包括以下几个方面。

（1）**供体和受体在分类学上的相同属性** 二者应是同一个物种，但也有可能异种间胚胎移植成功的可能性。

（2）**生理上的一致性** 受体和供体在发情时间上的同期性，也就是说移植的胚胎与受体在生理上是同步的，供、受体发情同步差要求在 ±24 小时内，同步差越大，移植妊娠率越低，以至不能妊娠。

（3）**解剖部位的一致性** 胚胎移植前后，所处的空间部位的相似性。

2. 胚胎的质量 从供体得到的胚胎并不是都具有生命力，因此需要进行严格的鉴定，确认发育正常的才能用于移植。同时，还需要有良好的环境。

3. 胚胎发育的期限 胚胎采集和移植的期限不能超过黄体的生命周期。

4. 供受体的状况 包括以下两方面。

（1）**生产性能和经济价值** 供体的生产性能要高于受体，经济价值要大于受体，才能体现胚胎移植的意义。

（2）**全身及生殖器官的生理状态** 供体和受体应健康，营养良好，体质健康，否则影响胚胎移植的效果。

（二）鹿胚胎移植的过程

胚胎移植的主要过程包括超数排卵、胚胎采集、胚胎鉴定、胚胎移植等。胚胎移植流程见图 6-7。

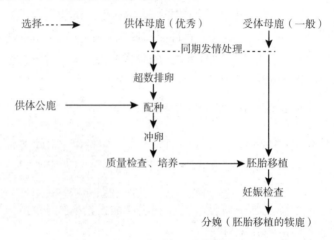

图 6-7　胚胎移植流程图

1. 超数排卵

（1）供体和受体的选择　供体母鹿应具备遗传优势。在育种上有价值，选择生产性能高、经济价值高的作供体。应选择其后裔产茸性能良好的作供体。供体应具有良好的繁殖能力，体质良好，无病，生理生化指标正常。受体母鹿可选用非优良的个体即可，只要有良好的繁殖性能和健康状况就行，一般在给供体进行同期发情处理的同时，受体也同期进行同期发情处理，以达"借腹怀胎"目的。

（2）供体的超数排卵　在母鹿发情周期的适当时间，施以外源性促性腺激素，使卵泡中比自然情况下更多的卵泡发育并排卵，即为超数排卵，简称超排。其主要应用的激素有促卵泡生长激素（FSH）、孕马血清促性腺激素（PMSG）、前列腺素

（PGF2α）、促黄体生成素（LH）、孕激素、促性腺激素释放激素等。一般采用一定剂量的 FSH 和 PVP 结合使用超排效果较好。

（3）影响超排效果的因素　主要因素有个体情况、环境条件、超排处理方式等。

2. 供体的配种　超数排卵处理后，要密切关注供体的发情状况，一般用试情的方法来判断是否发情，即给试情公鹿配戴试情布，如供体鹿发情受配，则视为发情。发情后一般采取本交配种的方式，用产茸性能高的、遗产比较好的种公鹿进行配种。

3. 胚胎采集

（1）采集的时间　胚胎的采集又称采胚、冲胚、采卵或冲卵等。就是利用冲卵液将胚胎由生殖道（输卵管或子宫）中冲出，并收集到器皿中。有手术和非手术两种方法收集，鹿的胚胎收集一般采用前者。

采卵时间要考虑到配种时间、发生排卵的大致时间、胚胎的运行速度和胚胎在生殖道的发育速度等因素，争取获得较多、优质的胚胎。鹿的胚胎采集一般在配种后 3～4 天进行。

（2）手术法采卵　供体在手术前 24 小时前停料。进行全麻，取仰卧位保定于手术架上。一般在乳房前至脐带间切 2 个各 1.5 厘米的口子。切开皮肤后，肌肉做钝性剥离，用手术刀柄撕裂腹膜。其中一个刀口用于腹腔镜观察，另一个刀口用于把子宫角、输卵管和卵巢牵引到外面，分别对输卵管和子宫角冲卵，各冲洗 2 次即可，这样可以获得比较满意数量的胚胎。

4. 胚胎鉴定　胚胎鉴定的主要途径有形态学、培养、荧光和测定代谢等。下面主要介绍形态学方法。

胚胎不像精子那样具有活动能力，其活力的评定主要是根据形态学来进行的。一般是在 50～80 倍显微镜下进行综合评定。胚胎鉴定主要内容如下。

①卵子是否受精。未受精卵的特点是透明带内分布匀质的颗粒，无卵裂球，即胚细胞。

②透明带的规则性。评定其形状、厚度、有无破损等。

③胚胎的色调和透明度。

④卵裂球的致密程度，主要查看细胞大小是否有差异及变性情况等。

⑤卵黄间隙是否有游离细胞或细胞碎片。

⑥胚胎本身的发育阶段与胚胎日龄是否一致，滋养层细胞、囊胚腔是否明显可见。

5. 胚胎移植 手术法移植胚胎与其采集供体胚胎大致相同。术者拉出子宫角，将带有胚胎的液体注入，送回子宫角，再进行术口的缝合，完成移植。

七、提高鹿繁殖力的技术措施

（一）影响鹿繁殖力的因素

影响茸鹿繁殖力的因素很多，除公母鹿本身的生理条件外，自然环境条件、人工繁育方法、饲养管理以及其他技术水平都是重要的影响因素，这些因素通过不同的途径直接地或间接地作用于公母鹿繁殖过程中的各个环节，最终调控繁殖力。

1. 遗传因素 不同品种、品系或类群的鹿有着不同的繁殖力。通常梅花鹿的繁殖力比马鹿高，天山马鹿比东北马鹿高，杂交鹿的繁殖力因遗传基础发生了改变又比双亲都高。

2. 环境因素 影响鹿繁殖力的主要环境因素有光照和温度。光照变化（光周期）是调控鹿发情的最重要的外界环境生态因子，我国多数鹿在光照逐渐变短的季节发情配种，逐渐变长的季节一般不发情。气温随纬度、海拔、地形地势以及坡向等的变化而变化，可影响整个繁殖过程。梅花鹿、马鹿等大多数鹿属于气温逐步下降的秋季发情配种的动物，环境温度过高，可抑制性腺功能活动，降低繁殖力；环境温度过低，时间过长，超过代偿产热的最高限度，可引起体温持续下降、代谢率降低，而导致繁殖力下降。

3. 营养因素　营养因素可影响繁殖过程中的各个环节，对鹿的繁殖力影响很大。营养水平低，就会导致繁殖力低，甚至不繁殖。只要根据不同阶段的营养需要特点，合理配制日粮，保证为种公母鹿、孕鹿以及仔鹿供给充足的营养物质，特别是蛋白质、维生素、微量元素，就可取得好的繁育成绩。公鹿的精液品质主要取决于日粮的全价性。

4. 管理因素　鹿在人工饲养条件下的繁殖主要受人类活动调控。种公母鹿的选用、种母鹿群的年龄比例、配种方法和技术直接影响配种效果，合理地饲喂、放牧、运动、调教等不仅提高鹿的繁殖力，还会促进胎儿的生长发育和仔鹿的培育。鹿场的兽医卫生制度和防病治病措施也都会直接地或间接地影响鹿的繁殖力。

（二）提高鹿繁殖力的综合性技术措施

提高鹿繁殖力的措施必须从提高公鹿和母鹿繁殖力两方面着手，充分利用繁殖新技术，挖掘优良公、母鹿的繁殖潜力。

1. 保证鹿正常的繁殖功能

（1）加强种鹿的选育　繁殖力受遗传因素影响很大，不同品种和个体的繁殖性能也有差异。尤其是种公鹿，其精液品质和受精能力与其遗传性能密切相关，而精液品质和受精能力往往是影响卵子受精、胚胎发育和仔鹿生长的重要因素，其品质对后代群体的影响更大，因此，选择好种公鹿是提高鹿群繁殖率的前提。母鹿的排卵率和胚胎存活力与品种有关。在搞好选种的同时还应进行合理选配，避免过度近亲繁殖，可提高繁殖力。生产实践表明，鹿在繁殖性能上呈现出显著的杂种优势。因此，可充分利用杂种优势，通过种间杂交、亚种间杂交、品系杂交或类群间杂交来提高鹿繁殖力。

（2）及时淘汰有遗传缺陷的种鹿　每年要做好鹿群整顿，对老、弱、病、残和经过检查确认已失去繁殖能力的母鹿，应有计划地定期清理淘汰。及时淘汰遗传缺陷鹿，可以减少不孕鹿的饲养数，提高鹿群的繁殖率。公鹿单睾或隐睾、公母鹿染色体畸变、发生疾病（如布鲁氏菌病等）都影响繁殖力。对某些屡配不孕的、习惯流产和胚胎死亡等生殖疾病，最经济有效的办法是及时淘汰。

（3）**加强饲养管理**　是保证种鹿正常繁殖功能的物质基础。

①确保营养均衡　营养对母鹿的发情、配种、受胎以及仔鹿的成活起决定性的作用，使用全价配合饲料，保证维持、生长和繁殖的营养平衡，从而保持良好的膘情和性欲。营养缺乏会使母鹿瘦弱，内分泌活动受到影响，性腺功能减退、生殖功能紊乱，常出现不发情、安静发情、发情不排卵等；种公鹿表现精液品质差，性欲下降等。

饲养鹿应以青粗料为主，根据不同时期（特别是配种前期、妊娠期、哺乳期）的营养需要，适当补充精饲料，并在日粮中添加食盐、磷酸氢钙、多种维生素和微量元素，尽量做到多种饲料搭配使用，以增加日粮的全价性、适口性和利用率。禁喂发霉变质、有害有毒（如未脱毒的棉籽饼等）、病原污染过的饲料。注意饲料、饮水卫生和圈舍清扫消毒，遵守科学的饲喂制度。不同季节饲料种类和饲喂数量有所不同，应保持饲料种类的相对稳定，更换饲料要渐次进行。种鹿体况应中上等水平，不能喂得过瘦或过肥，否则繁殖力降低。对过瘦的鹿要单独组群加强饲养管理；对过肥的鹿也要单独组群，减少日粮饲喂量，降低营养水平。

饲料生产加工和贮存过程有可能被污染或产生某些有毒有害物质。如生产过程中的农药污染，加工和贮存过程中有可能发生霉变，产生诸如黄曲霉毒素类的生物毒性物质。这些物质对精子生成、卵子和胚胎发育均有影响，因此在饲养过程中应尽量避免。

②做好妊娠鹿的保胎工作，加强仔鹿培育工作　妊娠产仔期要保持环境安静，无异常干扰，做好保胎工作，防止死胎、流产、难产、弃仔等发生。母鹿在妊娠中后期应合理运动并适当控

制精料喂量以减少难产，要保证初生仔鹿（特别是初产母鹿、难产助产母鹿、扒仔弃仔母鹿的初生仔）能够吃上初乳，避免异味留在幼鹿身上造成母鹿不哺乳。哺乳后期应设专槽补饲仔鹿，实行8月中下旬一次性断奶分群，以减轻母鹿的营养负担，尽快恢复母鹿的体况。

③创造理想的环境条件　环境因子如季节、温度、湿度和日照，都会影响繁殖。不论过高过低的温度，都可降低繁殖效率。为了达到最大的繁殖效率，必须具备最理想的环境条件。

2. 加强繁殖管理　做好繁殖管理是提高鹿繁殖力的重要保证。

（1）做好发情鉴定和适时配种　发情鉴定的目的，是掌握最适宜的配种时机，以便获得最好的受胎效果。对鹿来说，配种前除做表观行为观察和黏液鉴定外，还可进行直肠检查，即通过直肠触摸卵巢上的卵泡发育情况，以便根据卵泡发育情况，适时配种。此外，还可应用酶免疫测定技术测定乳汁、血液或尿液中的雌激素或黄体酮水平，进行母鹿的发情鉴定。

另外，在人工输精过程中一定要遵守操作规程，从发情鉴定、清洗消毒器械、采精到精液处理、冷冻、保存及输精等，是一整套严密的操作，各个环节紧密联系，任何一个环节掌握不好，都会影响受胎率。

（2）增加适龄母鹿的比例　一般而言，母鹿的最适配种年龄为3～7岁。应保证适龄母鹿在繁殖母鹿群中占60%以上的比例。青壮年母鹿的发情、排卵、体质都较好，配后受胎率也较高，而且产后哺乳能力也较强。因此，要有计划地选择优秀后备母鹿补充到繁殖母鹿群中去，严格淘汰繁殖力低的病弱老龄母鹿，使繁殖母鹿群的年龄组成始终处于繁殖优势。这不仅可以大大提高鹿场的繁殖水平，而且可以减少饲养母鹿的成本。

（3）控制繁殖疾病预防和治疗　公鹿繁殖疾病，如隐睾、发育不全、染色体畸变、睾丸炎、附睾炎、外生殖道炎等引起的繁殖障碍；母鹿的繁殖疾病主要有卵巢疾病、生殖道疾病、产科疾病三大类。卵巢疾病主要通过影响发情排卵而影响受配率和配种受胎率，有些疾病也可引起胚胎死亡和并发产科疾病；生殖道疾病主要影响胚胎的发育与成活，其中一些还可引起卵巢疾病；产科疾病可诱发生殖道疾病和卵巢疾病，甚至引起母体和胎鹿死亡。因此，控制公、母鹿的繁殖疾病对提高繁殖力十分有益。

3. 应用繁殖新技术　正确应用繁殖新技术是改良繁殖性能的手段之一，应在提高鹿驯化技术、发情鉴定技术、同期发情技术的基础上积极开展人工授精技术和精液冷冻技术的试验与示范推广。现在主要任务是严格遵守和改进操作程序，引进先进的精液品质评定方法和精液保存新方法，提高人工授精的受胎率，以充分发挥它们应有的作用，扩大优良公鹿在鹿群中的影响。提高母鹿繁殖利用率的新技术主要有超数排卵和胚胎移植、胚胎分割技术、卵母细胞体外培养和体外成熟技术。这些技术已经在家畜上得到一定范围内的应用。由于应用这些新技术的成本较高，所以一般用在良种的培育和引进新品种，这样可以提高优秀种母鹿的繁殖效率，取得更可观的经济效益。

八、鹿的育种措施

为了使鹿群的生产性能不断提高，满足人们对鹿产品日益增长的需要，必须有计划、有组织地进行鹿的育种工作。实践证明，如果组织措施跟不上，技术措施也很难实现，育种工作也不会取得预期效果。育种工作的组织措施主要有以下几方面。

（一）制订品种区域规划，建立育种协作组织

制订品种区域规划必须从实际出发，因地制宜。我国幅员辽阔，各地有丰富多样的自然条件，发展鹿养殖业应根据各地自然条件、资源状况及鹿的生物学特性决定鹿养殖的模式。实践和经验表明，育种协作组织在鹿的育种工作中有着相当重要

的作用。

（二）制订育种计划，建立繁育体系

制订鹿群育种计划是育种工作的重要环节之一。在制订计划之前，必须对现有鹿群的基本情况进行详尽的了解，主要包括鹿场的历史与现状、鹿群的结构与组成、生产性能、繁殖性能、鹿群的血缘关系、现有的优点和缺点等内容。在鹿群调查的基础上，制订切实可行的育种计划。

制订育种计划注意事项如下。

①要确定明确的育种目标，即通过育种所要达到的目的及所需的饲养管理水平等外界条件。

②根据育种目标和原有鹿群特点确定选育方式，根据实际情况采用本品种选育或杂交改良。

③确定选种和选配的方法和标准，选择、培育理想的公鹿，根据育种需要确定选育的性状。性状不宜过多，对那些存在强的负相关的性状，采用品系繁育法为宜。

④确定培育制度，制定适宜的饲养管理方案及幼鹿培育方法，只有合理的饲养管理才能使鹿的遗传潜力和生产潜力充分表现出来。

⑤确定选育工作的范围及参加选育的重点场所，建立健全繁育体系，开展联合育种及群众性的育种工作。

⑥根据遗传学原理和育种计划，估计遗传进展及其在生产上的经济效果，并制定育种成果的推广范围和具体措施。

⑦要有相应的防疫措施。

⑧应有严格的选留和淘汰制度。育种计划一经确立，一般应坚决贯彻执行，不能任意更改或中途废止。但也不能僵化，必须主动积极地不断研究和分析，根据进展情况及时解决出现的问题，使计划更加完善。

建立科学的鹿杂交改良体系，提高鹿生产性能和良种覆盖率。在鹿生产中，杂交是提高其生产性能、增加良种覆盖率的重要有效手段，因而选择适合当地条件的最优杂交组合是关键。鹿繁育基地应拟定杂交改良方案，做到改良有序，杂而不乱，大面积提高群体质量。建立健全鹿繁育体系，提高鹿供种能力和繁殖率，大力推广冷冻精液人工授精技术。合理调整鹿群结构，增加基础母鹿比例，可繁母鹿应占存栏鹿的 55%～60%。加强杂种鹿的饲养管理。

（三）建立良种鹿登记制度

良种登记是育种工作的重要措施之一。建立良种登记制度是为了发挥良种鹿在育种工作中的作用，因为良种登记能反映出育种成绩，加快育种进度，同时也可了解育种工作中所存在的问题及提出解决问题的办法。一般是根据品种特点制定出登记标准和制度。内容包括谱系、生产性能、体型外貌等。对不符合标准要求的鹿不应登记。

（四）鹿场日常的育种措施

鹿场虽是生产的基层单位，但也必须重视育种工作，以使本场鹿群生产性能不断提高，降低生产成本，提高经济效益。为此应做好以下工作。

1. 编号与标记

（1）**编号**　鹿群不论大小，均应进行编号，以便管理。

①编号的原则　一是编号应简便，容易识别；二是编号方案一旦确定，则不能轻易改变；三是从外地引的鹿，最好保持原有的编号，如果与本场鹿号相同，可另加一符号或数字以示区别。

②编号的方法　在养鹿生产中，编号方法有以下几种。

按出生先后顺序编号：按鹿出生的先后顺序依次编号，编号时应根据鹿群大小，采用百位或千位。公、母鹿编号可用相同号数将其分开，也可用奇偶号数分别将公母分开。

按出生年代编号：便于区分鹿只年龄，每年都从1号开始编号。在编号之前冠以年代，如2008年出生的第五只仔鹿，即可编号为085号。

按公鹿后代编号：为便于区别不同公鹿的后代，在编号之前可冠以公鹿号。如085号仔鹿为0125号公鹿的后代，则085号仔鹿可标记为0125/085。

（2）标记　为了正确记录和识别鹿只，避免混乱，便于组织饲养管理，鹿场应对鹿进行标记。

①剪耳号法　过去鹿场多采用此法标记鹿只。仔鹿出生第二天即可进行"剪耳"，此方法是在鹿的左右耳的不同部位用特制的剪耳钳打缺口，每个缺口用相应的数字表示。其所有数字之和即为该鹿的编号，一般鹿的右耳上、下缘每一缺口分别代表1和3，耳尖缺口代表100，耳中间圆孔代表400；左耳上、下缘每一缺口分别代表10与30，耳尖缺口代表200，耳中间圆孔代表800。耳的上下缘最多只能分别打三个缺口，耳尖只能打一个缺口，耳中间只能打一圆孔，这种标记法可由1号延续到1599号（图6-8、图6-9）。

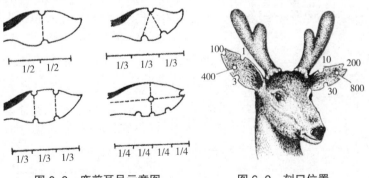

图6-8　鹿剪耳号示意图　　　图6-9　刻口位置

缺口的深度与部位必须适当，如果缺口的位置不当，很容易认错鹿号，一般缺口深度以0.5～0.7厘米为宜，缺口太浅只伤皮肤刻不到软骨易长平，过深则可能因软骨损坏严重导致耳壳变形。

剪耳号时，要注意同时做好登记工作，记录好打号的日期、顺序和属于哪对父母的后代，做到每打一个耳号，就登记入表一个，作为以后拨出仔鹿的依据。

②打耳标法　耳标牌是由高分子的特殊材料制成，坚固耐用，正确使用寿命可达 10 年。目前已在鹿场广泛使用。这种方法是用打耳标钳将印有组合数字的一凹与一凸的组件穿戴于鹿的耳朵之上，耳标牌上的组合数字从正面看一目了然。

2. 建立档案制度　建立档案可为育种工作提供科学依据。为了育种或经营管理，都不可缺少记录。鹿场中的主要记录有个体登记卡、配种记录、产仔记录、生长发育记录、外貌评分记录、生产性能记录、诊断与治疗记录、饲养记录、鹿群饲料消耗记录、鹿场日志等。各项记录都应登记在每头鹿各自的卡片上。

3. 合理分群　为了正确地进行育种工作，鹿群在通过普遍鉴定后，应加强分群整顿工作，根据鹿的类型、等级、确定的选育方向及鹿群内的亲缘关系等情况，将鹿分为育种核心群、生产等级群和淘汰群。

（1）**育种核心群**　选定育种核心群是进行育种工作的基础，占全群的 20% ～ 25%，它应该是从鹿群中选出来的特级鹿和少量一级鹿，二级以下的鹿一律不准进入核心群进行配种。组成核心群后，可逐步进行选种选配提高工作，或者实行群体继代选育提高，作为全群选育提高和遗传改进的骨干力量，为全群的选育提高打下牢固的基础。

（2）**生产等级群**　在品质鉴定时，把所有的成年公鹿、育成公鹿和母鹿分成等级，根据鹿场的圈舍情况、鹿群数量、性别、年龄、生产成绩等一系列情况将鹿分成若干个等级群，并按优劣的变化随时转群升级。这样既有利于生产的组织管理和生产力的发挥，也有利于鹿群选育工作的开展。

（3）**淘汰群**　对年老体衰、行动迟缓、生产力差、繁殖功能障碍的鹿应列入淘汰群，决不能参加任何生产群的配种，更不能进入育种核心群。但公鹿只要不失去经济价值，仍可继续饲养在淘汰群中，以获得一定的生产价值。

除了整顿好以上三大鹿群外，还应在日常育种工作中，随时注意全群的生产力、生活力、年龄和群体亲缘程度，发现问题及时控制，更新鹿群的血缘，避免全群的退化。另外，场际间交换种鹿，公鹿不低于一级，年龄应控制在4～5岁。

4. 合理编制选配计划　根据母鹿群的特点选择合适的与配公鹿，以保证鹿群的素质越来越好。

5. 拟定和执行鹿群更新和周转计划　及时而合理的鹿群更新是不断提高鹿种质量和保持鹿群结构的必要条件，一般鹿场的母鹿每年更新率为10%～15%，对育种群的更新比例应更高，以加快育种速度。种公鹿的更新，一定要用经后裔测定证明为优良的个体来补充。在扩大鹿群时，选留的后备幼鹿必须合乎育种要求。为保持合理的鹿群结构，应根据分娩计划、选留计划等拟定出鹿群周转计划。

6. 完善饲料供应和饲养管理制度　只有充分及时地供应饲料及合理的饲养管理水平，才能使鹿群的整体生产水平发挥出来。因此，必须重视饲料的储备和供应，以及鹿场工作人员技术素质的提高。

第七章
鹿的疾病防治

一、鹿病的治疗原则与措施

（一）鹿病的特点

1. 野性强、敏感，疾病的预防、诊断、治疗有一定困难 虽然我国养鹿历史悠久，鹿的驯化时间也较长，但鹿的野性依然很强，难以接近，在疾病诊断和用药方面比较困难；鹿对外界环境特别敏感，尤其是陌生人进入圈舍，会刺激病鹿而加重病情，并在抓捕、给药时引起外伤等其他疾病。因此，鹿病的预防、诊断、治疗有一定困难，诊治时必须要考虑鹿的习性，注意避免鹿受到惊吓和刺激，尽量避免更大的损伤。

2. 抗病力强，发病率相对较低 鹿属于经过长期驯化的野生动物，抗病力很强；加之鹿场大多建于僻静山林处，与外界的接触机会较少，因此鹿的发病几率和病的种类明显少于一般家畜。随着养鹿业的不断发展，交流日益增多，鹿的一些疾病也有扩大趋势，因此不可掉以轻心。

3. 自然疫源性疾病相对多发 鹿野性强，敏感，怕惊，自身仍有许多疾病，可能会发生传染，或危及人类健康；加之鹿场多建于僻静山里中，与野生动物接触机会较多，难以防范，因此很可能会感染自然疫源性疾病，如流感、狂犬病、伪狂犬病等，应引起养殖者的高度重视。

4. 症状不典型、不明显 由于鹿的抵抗力较强，很多疾病的症状不是很典型，很容易被忽视，饲养者往往在病重时才会发现，此时已经失去最佳施治机会。另外，鹿的许多疾病的发生规律还不十分清楚，发病后的症状、转归不十分明显，这也给鹿病的防治带来许多困难。

（二）鹿病防治原则

1. 精心的饲养与科学的管理是防治鹿病的关键环节 任何养殖业的成功应考虑日粮、品种、市场、管理、疾病几个方面，而其中最重要的环节就是管理，精心的、科学的饲养管理会弥补养殖者在日粮、品种、市场上的不足，而更重要的是，精心的、科学的饲养管理会在很大程度上减少很多动物疾病的发生、扩散。养鹿同样如此，杜绝和控制鹿的疾病发生的第一要素，就是加强饲养管理的力度，许多疾病的发生，都源于饲养者疏于管理，因此，只有管理科学、严格，才能较少和彻底杜绝鹿病，才能使养鹿业健康、稳定、持续发展。

2. 防重于治，以防为主是防治鹿病的基本方针 "防重于治，以防为主，防治结合"的原则是兽医工作者的基本原则，尤其是对于某些群发病、流行病的防治尤其重要，因为此类疾病一旦发生，防治起来困难较大，需要很大的人力、财力、物力，而且往往效果甚微；另外鹿的野性强、怕惊吓，一旦发病，诊断和投药都将很困难，因此，鹿病的防治工作中，预防性工作显得更为重要。

3. 适合的诊断、治疗技术和药物是防治鹿病的重要方面 鉴于鹿的特殊的生物学特性和习性，在诊治鹿病时要区别于一般家畜。在诊断上，为避免鹿病症状不明显的特点，兽医人员应熟识鹿的特点、习性，并应与饲养人员密切合作，精心饲养管理，细心观察鹿只，尽早发现病鹿，以免延误病情；在治疗上，应考虑鹿的自身特点，尽可能使用适合的治疗技术手段，并避免由于治疗技术失误而加重鹿的病情，能自行采食的尽可能不要麻醉或人工强行灌服；能口服的尽可能不要肌肉注射或静脉注射；在给药上，要注意用药少而精，避免频繁抓捕给药，注意剂型的适合性，并且注意不能由于抓捕、保定的不便而减少给药次数、给药剂量或延迟给药间隔，应保质保量完成每一次投药，并注意按疗程持续给药。

（三）鹿场综合防疫措施

防疫是预防、控制和净化群发病、流行病发生和蔓延的主要措施。对于传染性疫病来说，一旦发生，将可能会在极短的时间内殃及整个养殖场，并可能会很快引起大群鹿只感染、死亡，疫病控制和扑灭都将是极为困难的工作，耗费的人力、物力、财力均较大，因此，必须给予高度重视，严格制度，加强管理。

疫病的发生、流行需要三个必备环节，即传染源、传播途径、易感动物。传染源是指携带某种特定病原体，并不断向外界排毒的动物或者人；传播途径是指病原体从一个易感动物到下一个易感动物所经过的途径；易感动物是指对某个病原体具有易感性的动物。在疫病流行的三要素中，切断任何一个环节，疫病的流行都将被终止，因此，预防和控制疫病，首先要定期检疫，查明传染源；其次要定期消毒、驱虫、灭鼠，切断传播途径；最后要定期通过药物预防和免疫接种来降低鹿只对疫病的易感性。具体防疫措施有以下内容。

1. 疫情报告 在鹿场发生疫病时，应立即上报疫情，包括发病时间、地点、发病数、死亡数、主要表现、疑似病等，并及时通知邻近养殖场；严重疫病应上报给县一级以上兽医行政部门，上级在接到报告后，派指定专业人员到现场进行初步诊断和紧急处理，养殖场在疑似重大疫病时，不应私自随意剖检或处理病尸。

2. 诊断　早期、及时、正确的诊断，对于疫病的控制具有极其重要的意义，它关系到能否彻底、有效地控制和扑灭疫病。常用的诊断方法有流行病学调查、临床综合诊断、病理学诊断、实验室诊断等。

（1）**流行病学调查**　主要包括当地环境、气候、地理状况；养殖数量、种类、分布情况；常发病、地区病、现在主要疫情；既往病史、经济水平、饲养方式、饲养方法、医疗水平以及相关的书面资料等。

（2）**临床综合诊断**　临床综合诊断是兽医工作最常见、最简便的诊断方法。是利用兽医人员感官和简单诊断器械来进行的检查。对于某些重要的或具有典型症状和发病规律的疫病，临床综合诊断往往会为疫病控制和扑灭带来奇效。但应注意全面、系统、科学地搜集症状和资料，不可单凭个人经验和书本知识而延误正确诊断。

（3）**病理学诊断**　每种疫病往往具有相应的典型病变，因此对于一般性疫病，可以通过对病鹿剖检和病理组织学检查来确诊疾病。但应注意急性死亡病例和非典型病理的剖检变化的复杂性和非典型性，避免误诊。对于狂犬、伪狂犬等特殊疫病，必要时还可以借助显微镜、电镜等进行病理组织学检查以确诊疾病。

（4）**实验室诊断**　实验室诊断主要包括病料采集和镜检，血液常规检查，粪尿等排泄物、分泌物常规检查，病原学检查，免疫学检查以及血清学检查等。

3. 检疫　检疫是通过各种诊断方法和技术对动物和动物产品进行相应疫病的检查。动物检疫最根本的作用是通过对动物、动物产品的检疫检验、消毒和处理，达到防止动物疫病传播扩散、保护畜牧业生产和人民身体健康的目的。检疫的对象是相关法律法规限定的一类、二类、三类疫病。主要包括以下内容。

（1）**产地检疫**　产地检疫对动物、动物产品出售或调运离开饲养生产地前实施的检疫。产地检疫是动物检疫的第一关，是一项基层检疫工作，可以及早地发现疫病，处理患病者；并可以保证动物及动物产品健康，防止疫病扩散、危及其他动物和人的健康。

（2）**运输检疫** 动物、动物产品在调出离开产地前，必须向所在地动物防疫监督机构提前报检。经过检疫，确认需要调运和携带的动物、动物产品来自非疫区，报检的动物具备合格免疫标识，免疫在有效期内，并经群体和个体临床健康检查合格，凭《动物产地检疫合格证明》或《动物产品检疫合格证明》换发《出县境动物检疫合格证明》或《出县境动物产品检疫合格证明》。

经过产地检疫的生皮、原毛、绒等产品原产地无规定疫情，并按照有关规定进行消毒；炭疽易感动物的生皮、原毛、绒和骨、角等产品经炭疽沉淀试验为阴性，或经环氧乙烷消毒，凭《动物产品检疫合格证明》换发《出县境动物产品检疫合格证明》。

捕获的野生动物，经捕获地动物防疫监督机构临床健康检查和实验室检疫合格，方可运输。运载工具经过消毒后取得《动物及动物产品运载工具消毒证明》。

3. 进出境检疫 出入境动物检疫，又称外检，是国家在对外开放口岸设立的出入境检验检疫机构对动物、动物产品依法实施的检验检疫。目的是防止动物传染病、寄生虫病和其他有害生物传入或传出国境，保护养殖业的生产和人民身体健康，促进外贸发展。出入境动物检疫包括进出境检疫，过境检疫，携带、邮寄检疫和运输工具检疫。

4. 隔离 隔离制度是控制疫病病原在鹿群中传播、扩散，切断传播途径的重要手段。当鹿发生某种传染病时，根据诊断、检疫结果，把该群鹿分为病鹿、疑似感染鹿及假定健康鹿。病鹿即具有明显临床症状或用其他诊断方法检查呈阳性的鹿，应将其隔离于偏僻地区或病号鹿舍内，并对其进行治疗，设专人护理；疑似感染鹿，即发生传染时，与患病鹿同舍共用同一饲槽、水槽、用具的鹿，有可能处在潜伏期中，应在消毒后转移到单独舍内，限制其活动，详细观察，并对其进行紧急预防接种和药物预防，观察时间通常是超过被疑传染病的最长潜伏期，若不发病即可解除隔离；假定健康鹿，是指没有接触过病鹿或邻近鹿舍的鹿，对其可进行预防接种和采用相应的保护措施。

5. 封锁　当发生流行猛烈、危害性较大的传染病，如炭疽、口蹄疫等，应根据现场情况划定疫点、疫区、受威胁区，报告上级，由县级以上人民政府实施封锁。在最后一例病例痊愈或扑杀淘汰后，彻底消毒，经过该病最长潜伏期再无病例发生可解除封锁。

6. 免疫接种和药物预防

（1）免疫接种　在经常发生某种传染病的地区，或有某些传染病潜在地区，或受到邻近地区某些传染病经常威胁的地区，为了防患于未然，在平时有计划地给健康鹿群进行的疫苗免疫，即为预防接种。根据所接种的免疫原的品种不同，接种方法也不同，通常采用皮下、皮内、肌肉注射，或点眼、滴鼻、喷雾、口服等方法。接种后经过一定时间（1～3周），可获得数月至1年以上的免疫力。免疫接种的效果好坏，与许多因素有关，因此常需注意以下几方面问题。

①**合理的免疫程序**　免疫程序即指对动物进行免疫时，选用的疫苗类型、首免时间、免疫次数及其间隔时间而言。免疫程序必须根据疫病流行的情况和规律，动物种类、年龄、母源抗体水平、疫苗种类、性质、免疫途径等因素具体制定和调整，一般不要硬套。对大型鹿场，应定期进行抗体监测，作为免疫程序的重要依据。鹿群需接种疫苗来预防不同的病，也需要根据各种疫苗的免疫特性来合理制定预防接种的次数和间隔时间。

②**疫苗的选择**　首先要对当地疫病发生的种类和流行状况有明确的了解，针对当地发生疫病的种类，确定应该接种哪些疫苗。对于常发病、常见病及危害严重的疫病的免疫预防必须列入常年免疫计划中，如肠毒血症、口蹄疫等；对于某些不常发生的

疾病，应根据流行情况和准确的诊断正确地选择和使用疫苗，以减少盲目性和不必要的浪费。注意使用与本地区、本场流行的血清型相对应的单一血清型或多价疫苗。

③疫苗的质量、贮存、运输　疫苗质量是免疫成败的关键。弱毒活疫苗通常为真空冷冻干燥后密封于小瓶内，放普通冰箱或更低温度下保存，保存期一般为1～2年，一旦过期或密封欠佳均不能再用。灭活疫苗通常是液体，若含有佐剂则不能冻结保存，宜在0～10℃下冷暗处保藏，保存期一般为1年。

④疫苗使用的注意事项　通常每一种疫苗均有其最佳接种途径，应根据疫苗性质、种类、疫病特点、年龄、免疫程序、动物数量等具体情况来选择每次免疫的接种途径。使用疫苗前应对被接种的鹿进行详细的调查了解和检查，特别注意其健康状况、年龄、是否妊娠，以及饲养条件的好坏等情况；接种时，注意注射器和针头事先要严格消毒，吸取疫苗的针头要固定，做到一头一针，以避免通过针头传播病原体。疫苗的用法、用量，按其说明书进行，使用前充分摇匀，开封后当天用完，隔夜不能使用。

使用弱毒菌苗时，接种前后应停用抗菌药，包括饲料和饮水中禁用抗菌药物，弱毒病毒疫苗接种前后不应使用抗病毒药物，灭活苗接种期间不受药物影响，接种期间和接种后要注意观察群体状态，有无反应。接种一定时间后应检测免疫效果（抗体水平），饮水免疫要注意将饮水器洗净，不含消毒药。稀释疫苗应该用冷开水，自来水中都含有氯消毒剂，不宜用于饮水免疫。

⑤母源抗体　新生动物从胎盘、初乳、乳汁，或卵黄获得的母体免疫抗体，称为母源抗体。在出生后24小时达到高峰，相当于母体抗体水平，以后逐渐下降。母源抗体对保护幼兽抵抗外界病原侵袭具有重要意义，为使幼兽获得高水平的母源抗体，通常在妊娠后期或鹿在生产前1个月左右进行1次免疫接种，以提高新生鹿的抗病能力。首次接种疫苗最好在母源抗体基本消失之后，或采用弱毒苗与油乳剂灭活苗同时使用的方法。

（2）**紧急接种**　紧急接种是在发生传染病时，为了迅速控制和扑灭疫病的流行，而对疫区和受威胁区的未发病鹿进行应急性免疫接种。但在接种前，必须对所受到传染病威胁的鹿逐头详细观察和检查，同时只能对无病健康鹿进行紧急接种。对病鹿及可能已受感染的处于潜伏期的鹿，必须在严格消毒的情况下立即隔离，不能接种疫苗。

（3）**药物预防**　目前有些疾病已经研制出有效的疫苗，通过预防接种可以达到预防的目的。但还有不少疾病尚无疫苗可用，有些疾病虽然有疫苗，但在生产中应用还有一些问题。因此，对于这些疾病除了加强饲养管理，搞好饲料卫生安全，坚持消毒制度，定期进行检疫之外，有针对性地选择适当的药物进行预防，也是鹿场疾病防治工作中的一项重要措施。

药物预防用药的原则由于各种药物抗病原体的性能不同，所以预防用药必须有所选择。

合理用药，提高药物预防效果的原则如下：

①要根据鹿场与本地区疾病发生与流行的规律、特点、季节性等，有针对性地选择高疗效、安全性好、抗菌谱广的药物用于预防，方可收到良好的预防效果，切不可滥用药物。

②保证用药的有效剂量，以免产生耐药性。药物预防时一定要按规定的用药剂量，均匀地拌入饲料或完全溶解于饮水中，以达到药物预防的作用。剂量过大，造成浪费，还可引起副作用。剂量不足，用药时间过长，还可能产生耐药性。鹿场进行药物预防时应定期更换不同的药物，即可防止耐药性菌株的出现。

③选择最合适的用药方法。不同的给药方法，可以影响药物的吸收速度、利用程度、药效出现时间及维持时间，甚至还可引起药物性质的改变。药物预防常用的给药方法有混饲给药、混水给药及注射给药等，鹿场在生产实践中可根据具体情况，正确地选择给药方法。

7. 消毒、杀虫、灭鼠

（1）**消毒**　消毒就是消除或杀灭外界环境中的病原体，它是通过切断传播途径来预防传染病发生和传播的一项重要措施。

①消毒种类　根据消毒目的不同，消毒可分为以下3种。

预防性消毒：是传染病尚未发生时，结合平时的饲养管理，对可能受到病原体污染的鹿舍、运动场、用具和饮水等进行的消毒，以达到预防一般传染病的目的。

临时性消毒：在发生传染病时，为了及时消灭刚从病鹿体内排出的病原体而采取的消毒措施。消毒对象包括病鹿所在圈舍，隔离及被病鹿分泌物、排泄物污染和可能污染的一切场所、用具、物品等。此种消毒要定期多次反复进行，病鹿圈应每天和随时进行消毒。

终末消毒：即在病鹿解除隔离、痊愈或死亡后，或者在疫区解除封锁之前，为了消灭疫区内可能残留的病原体所进行的全面彻底的大消毒。

②消毒方法　消毒方法较多，必须根据具体情况选择。通常分为化学消毒法和物理消毒法。

化学消毒法：化学消毒法是用化学药物杀灭病原体的方法。常用的消毒药有漂白粉、氢氧化钠、草木灰水、来苏尔、乙醇、过氧化氢、甲醛等。此种消毒法效果受很多因素影响，如病原体的抵抗力及所处的环境，消毒药的剂量、浓度、时间、温度等，因此在使用化学消毒法时，要根据具体情况选择不同的消毒药。用药方法通常有喷洒地面、墙面、用具和饲槽，用具、卫生服等可用浸泡消毒，鹿舍、兽医卫生室可用熏蒸法消毒。

物理消毒法：物理消毒法是通过物理手段清除或消灭病原体，常采用的是清扫、洗刷、通风等将粪、尿、饲料残渣机械地清除。对于不易燃的鹿舍，也可采用焚烧法，即将地面、墙壁用喷火进行消毒，此法能消灭抵抗力强的病原体。对玻璃器皿、注射器、手术器械、较小用具、卫生服等也可采用煮沸消毒法。

（2）**杀虫与灭鼠**　鹿场常有有害昆虫和鼠类危害。蚊、虻吸血传染疾病，蝇扰乱鹿休息、反刍，蝇身上常携带数百万个微生物。鼠类能吃掉饲料、咬坏食物，是传染病病原的携带者，所以鹿场要定期杀灭鼠。

二、鹿主要传染病

（一）口　蹄　疫

口蹄疫是由口蹄疫病毒引起偶蹄兽的一种急性发热、高度接触性人兽共患传染病。本病以直接接触和间接接触的方式传播。主要经消化道和呼吸道感染，也可经损伤的皮肤和黏膜感染。病畜的分泌物、排泄物、呼出气体及其他被污染物均可成为本病的传递媒介。幼畜的发病率高，死亡率也高。

【症　状】　本病传播迅速，发病率高。表现为体温升高、精神沉郁、流涎、食欲废绝和反刍停止。在口腔黏膜、唇、颌、舌的表面发生口疮、糜烂与溃疡。四肢的皮肤、蹄叉与蹄缘出现口蹄疮与糜烂，甚至蹄匣脱落。因此患鹿呈现明显的跛行。本病流行于3至4月份时，还可发现母鹿大量流产和胎衣滞留，子宫炎与子宫内膜炎，娩出的仔鹿也迅速死亡。仔鹿患病后多为急性死亡，病死率较高。

剖检除口腔黏膜和皮肤的病变外，心脏出现虎斑心样变化，肝脏与肾脏也呈同样病变，肠黏膜发现溃疡病灶，瘤胃有无数圆形小的或单个的坏死性溃疡。

【预　防】　鹿场发生口蹄疫时，应立即报告有关部门进行隔离封锁；一旦场外发生本病，鹿场也应自行封锁，用口蹄疫疫苗紧急预防接种，紧急消毒场区，谢绝外人进入。

严格检疫，及时发现病鹿，尽早隔离病鹿，并在隔离圈实行治疗。严禁由疫区购进饲料或引进鹿只，并随时密切注意周围其他畜群的健康状况。

【治　疗】　立即隔离病鹿，给予易消化、柔软富于营养的饲料，以保护口腔、胃肠黏膜。同时，成鹿用鲁格尔氏液或5%葡萄糖生理盐水500毫升，维生素C 50毫升、维生素B_1 20毫升，一次静脉注射。每日皮下注射10%的杨树叶酒精浸剂15～20毫升，1天1次，可连用3天。

口唇溃疡可用0.1%过锰酸钾溶液或甲紫液冲洗消毒，并涂以碘甘油。皮肤和蹄部可用3%～5%克辽林或来苏尔冲洗，再涂以松溜油或抗生素软膏，最好予以包扎。为控制感染、防止并发症，可应用抗生素肌肉注射，每日2次。

（二）鹿狂犬病

鹿狂犬病是由狂犬病病毒引起的一种人兽共患急性接触性传染病。犬科动物多发，犬比鹿更易出现兴奋性。又称疯狗病，病死率可高达100%。自然感染的潜伏期不定，短的数日，长的数月至1年。

【症　状】　常突然发病，病鹿离群，发呆或惊恐，发出怪叫，惊散鹿群。冲撞墙壁，企图攻击其他鹿和鹿圈内的人，啃咬自身躯体或其他鹿只，头顶饲槽或墙壁，发生多处擦伤，感染变异株狂犬病病毒的病鹿无攻击性。有的病鹿出现渐进性运动失调，一肢或两后肢迈步障碍，有时跌倒，进而截瘫。后期倒地不起，角弓反张，咬牙吐沫，眼球震颤，四肢划动，全身大汗，尿淋漓，常于2～3天后死亡。部分病例病初神态不安的症状缺乏，仅见背部搔痒和后肢麻痹。

剖检尸体无特异性变化。体表有外伤或擦伤。口腔和咽喉黏膜充血、出血或糜烂，胃内空虚或有异物，胃肠黏膜充血、出血。骨骼肌变性。脑及脑膜肿胀、充血和出血。

组织学病变可见非化脓性脑炎和神经炎。在大脑海马角、小脑和延脑的神经细胞胞浆内和唾液腺的神经节细胞的核内见有嗜酸性包涵体。神经细胞变性、坏死，神经胶质细胞增生，血管周围有明显血管套。

【预　防】　防制本病必须严格贯彻综合性措施。

控制和消灭传染源。狂犬病病犬是本病的主要传染源，因此对家犬进行大规模免疫接种和消灭野犬，是预防本病的最有效措施。健全兽医卫生制度，新引进的鹿严格检疫（60天以上）。鹿场平时做好环境卫生，要严格防止疯狗和其他野生动物进入。

发生狂犬病后，立即上报疫情，紧急消毒。对出现症状的典型病例紧急扑杀，焚烧或深埋。病死鹿及病鹿接触过的用具及物品必须严格消毒或焚烧。

实践证明，鹿场发病后可实施狂犬病疫苗紧急接种，一般在注苗后15～21天终止发病或死亡。常用疫苗为狂犬病和魏氏梭菌病二联疫苗。不分大小鹿一律肌肉接种疫苗5毫升，免疫期达1年。发病鹿场和受威胁鹿场每年春季（3至4月份）或秋季（8至9月份）接种上述疫苗以控制和预防该病流行。

【治　疗】　目前世界上尚无有效的方法用于治疗已发病的病例。在刚发现咬伤病例后，可立即处理咬伤部位，伤口挤血，碱性肥皂水反复冲洗伤口，碘酊消毒，同时应用抗狂犬病血清，或紧急接种狂犬病疫苗。

（三）鹿黏膜病

鹿黏膜病是由牛病毒性腹泻病毒引起的一种传染病。临床以发热、腹泻、胃肠溃疡和呼吸道黏膜急性感染为特征。自然感染潜伏期为7～10天。

【症　状】

（1）急性型　病初体温升高，有的呈双相热。同时伴发白细胞减少。此时，病鹿精神沉郁，食欲减退或废绝，反刍停止，泌乳减少，心跳增速，呼吸促迫，干咳，眼鼻流浆液性分泌物，唾液增多，2～3日内口腔黏膜发生散在的糜烂或溃疡。鼻镜和鼻孔周围也可见到糜烂或结痂。口内损害之后常发生严重腹泻，开始水样，以后带黏液和血。有的病鹿可发生趾间皮肤糜烂坏死及蹄叶炎等，导致跛行。常于5～7天内死亡。

（2）**慢性型** 发热不明显，鼻镜上常有糜烂，门齿齿龈发红，口内很少有糜烂，眼常有浆液性分泌物，可见慢性蹄叶炎和趾间坏死，腹泻有无不定，病鹿消瘦、虚弱，病程可达数月。

剖检主要病变在消化道黏膜。在口腔和食道黏膜有糜烂或溃疡，可见皱胃和肠黏膜糜烂，有卡他性或出血性炎症；鼻道、气管、肺有卡他性或出血性炎症；趾和蹄冠周围的上皮糜烂。

【预 防】 平时要加强检疫，防止引入病鹿或带毒鹿，搞好经常性的清洁卫生和消毒工作。一旦发病，对病鹿隔离治疗或急宰，对无病鹿群应进行保护性限制。有条件时可应用疫苗进行预防注射，以提高鹿群的特异性抵抗力。国外应用的疫苗有弱毒苗和灭活苗两种，以弱毒苗应用较多。

【治 疗】 目前尚无特效疗法。应用收敛剂和补液等疗法，可缩短恢复期，减少损失。为了减少继发性细菌感染，可投给抗生素和磺胺类药物。但消化道溃疡和腹泻剧烈的病例预后不良，慢性病例也无治愈希望。

（四）流行性乙型脑炎

鹿流行性乙型脑炎又称日本脑炎，是由流行性乙型脑炎病毒引起的一种急性人兽共患传染病。以脑炎症状和后躯麻痹为主要特征。

【症 状】 患鹿突然发病，初期体温升高，后转为正常或下降。食欲减退或废绝，反刍停止，饮水减少。一般多见狂暴、沉郁、后躯麻痹混合发生，大致可分为下列3型。

（1）**兴奋型** 病鹿离群，尖声嘶叫、不安，啃咬自体或其他鹿躯体，或顶擦圈墙，流涎。步态蹒跚，呈四肢叉开站立，或站立不稳。全身肌肉震颤，耳下垂，眼凝视发直。呼吸粗厉，鼻翼开张，偶见前肢刨地。粪便干小，排粪困难，频频努责。病后期后躯麻痹，倒地后四肢呈游泳样，头颈后仰。结膜充血，角膜混浊，转归多死亡。

（2）**沉郁型**　病鹿呆立，拒食，跛行，头颈震颤，磨牙空嚼，偶尔嘶叫，下痢，回顾腹部，步态蹒跚，卧地不起，流涎，转归多为死亡。

（3）**麻痹型**　病鹿离群，步行摇晃或后躯麻痹，强行驱赶时拖着后肢艰难地行走，随后倒地不起。眼混浊、肿胀，最后死亡。

剖检肉眼观察中枢神经系统通常无特殊变化，只见脑脊髓液含量增多，稍混浊。硬脑膜血管扩张充血，偶见大小不等的出血斑点。软脑膜高度充血，有斑点状出血。心腔积有多量凝固不全的血液。心内外膜见少量点状出血。肺脏凝血、水肿。肝脏体积稍肿大、淤血，质地脆。肾、脾、淋巴结等变化不明显。

【预　防】　必须切实做好日常的综合性防疫工作，如垫平低洼地和清除积水，防蚊灭蚊，防止猪、马、牛等动物进入鹿圈等。为了增强鹿的特异抵抗力，特别是提高育成鹿的免疫力，可在蚊虫活动前1个月应用兽用流行性乙型脑炎弱毒疫苗预防注射。

【治　疗】　鹿流行性乙型脑炎尚无特效的疗法。病鹿在早期采取降低颅内压、调整大脑功能、强心解毒、防止并发症等综合性治疗措施，同时加强护理，可收到一定疗效。

降低颅内压静脉注射20%甘露醇或25%山梨醇，每次用量按每千克体重1～2克，间隔8～12小时再注射1次。调整大脑功能可选用氯丙嗪肌肉注射。

（五）结核病

鹿结核病是由结核分枝杆菌引起的人兽共患的一种慢性传染病。以呈现渐进性消瘦、贫血、体表淋巴结肿大和组织器官肉芽肿及干酪样坏死、钙化结节为特征。潜伏期长短不一，短则十几天，长则数月至数年。

【症　状】 病初症状不明显，随病程进展食欲逐渐减退，呈渐进性消瘦，依发病部位而临床症状不一。

肺结核病鹿，拱背、咳嗽、初干咳后湿咳，并以早晚及采食时为甚。久病时，呼吸困难，呼吸频率增加，追赶时即呛咳，甚至张口呼吸。听诊肺部有湿性啰音或胸膜摩擦音。被毛无光，换毛延迟，不爱运动，贫血，不育，体表淋巴结肿大，常有低热。肠结核时，常有腹痛，腹泻与便秘交替发生，腹泻时粪便呈半液状，混有黏液、脓液甚至血液。乳腺结核时，一侧或两侧乳腺肿胀，可触及到坚实硬块。纵膈淋巴结核时，淋巴结肿大，甚至压迫食道妨碍反刍，引起顽固性慢性瘤胃臌胀。颌下淋巴结核明显肿胀，多为开放性的，流出脓血，经久不愈。本病为慢性经过，病程较长，可达数月至 1 年之久，如不及时治疗，多取死亡转归。

剖检的病理特征是在各组织器官发生增生性结核结节（结核性肉芽肿）或渗出性炎症，或二者混合存在。主要病变在肺脏和淋巴结。肉眼观察时，多呈大小不等的脓肿样外观。触诊初期坚硬，后期如面团状。结节多无包囊形成或包囊形成不完整，结节中心为灰白色或灰黄色、无臭、无味的干酪样坏死物质，多无钙化倾向，这是鹿结核病变的特征。有的粟粒性结核结节，整个肺受侵害，全部为大小不等的病灶所占据，呈肝样硬度。肠结核的病变多见于空肠后 1/3 部分及回肠内，肠结核结节的特点是有明显的溃疡，呈圆形或椭圆形，周围为堤状突起，溃疡底常有坏死物质。胸膜和腹膜结核，在胸腹膜上有豆粒大至指头大结核结节，表面光滑，呈念珠状珍珠样，称为"珍珠病"或"珍珠结节"。在肝、脾、肾、脑、脊髓、子宫、乳腺等组织内，亦可见到结核结节。

【预　防】 必须采取综合性防制措施，加强检疫，防止疫病传入，扑杀病鹿，净化污染群，接种菌苗，培育健康鹿群，加强饲养管理，定期消毒等。

受威胁的仔鹿及时接种卡介苗。仔鹿出生后 24 小时内皮内注射冻干卡介苗 0.75 毫克 / 只，第二年 5 月二免，第三年 5 月三免。加强平时的饲养管理和消毒工作，防止鹿群过度密集，避免鹿圈潮湿，确保全价营养，严格兽医卫生制度。欲建立无结核病鹿群，必须定期检疫（至少每年 2 次），淘汰阳性鹿，对阴性鹿定向培育，逐步建立健康群。

【治　疗】除贵重的种鹿外，病鹿因治疗期长、费用大而不予治疗，淘汰处理。常用的疗法是每千克体重每日用异烟肼 5 毫克口服和肌肉注射链霉素 30 毫克，也可与口服对氨基水杨酸钠 200～300 毫克联用；口服利福平 10～15 毫克和乙胺丁醇 25 毫克，并肌肉注射卡那霉素 20 毫克，也有一定效果。一般需持续治疗 3～6 个月，治疗时注意加强营养和饲养管理。发病较多时可考虑逐步净化的方式完成。

（六）布鲁氏菌病

鹿布鲁氏菌病是由布鲁氏菌引起的一种慢性传染病。以睾丸炎、关节炎、流产及子宫内膜炎为特征。潜伏期短则 2 周，长则可达半年以上。

【症　状】多呈慢性经过，早期多无明显症状。日久食欲减退，体质消瘦，被毛蓬乱无光泽，皮下淋巴结肿大。妊娠母鹿常表现流产、死胎，流产前后从阴道流出污褐色或乳白色的脓性分泌物，有的伴发胎衣不下、子宫内膜炎、乳腺炎等。公鹿阴囊下垂，睾丸肿大，逐渐变坚硬，严重者可发生坏死，有的表现关节炎、关节肿痛，出现跛行、站立困难或卧地不起。

【预　防】本病防疫要贯彻以免疫、检疫、消毒、淘汰病鹿和培育健康鹿群等综合性预防措施，以达到控制和消灭本病的目的。

建立定期检疫制度，特别在疫区，1 年 2 次，发现病鹿，立即淘汰或隔离，假定健康鹿及时注射疫苗。新购进鹿应隔离观察1个月，并进行严格检疫，无病者方可合群饲养。

做好卫生管理，坚持定期消毒。特别要做好母鹿产前产后的消毒工作。建立严格的防疫制度。定期进行预防接种。对检疫阴性鹿可接种布鲁氏菌羊型5号菌苗和布鲁氏菌猪型2号菌苗。

【治　疗】　本病尚无特效疗法。发现病鹿立即淘汰并采取焚烧或深埋消毒处理。

布鲁氏菌能引起人的布鲁氏菌病，轻者头痛、乏力，重者发生"波特热"，表现关节剧痛、四肢无力、肝脾肿大、丧失劳动力。为此，养鹿场工作人员一定要做好个人卫生防护工作。对接触鹿只的饲养员、技术员和兽医等，要定期进行布鲁氏菌病检疫，早发现，早治疗。对健康的从业人员每年进行菌苗免疫1次，以防感染。

（七）巴氏杆菌病

鹿巴氏杆菌病是由多杀性巴氏杆菌引起的一种急性传染病。以呈现败血症或肺炎症状为特征。本病多见于潮湿季节，5～8月多发，公鹿常发生在配种后期，即10至12月。

【症　状】　潜伏期1～5天。通常有以下表现：

败血型：呈急性经过，体温升高达41～41.5℃，鼻镜干燥，呼吸困难，心跳加快。皮肤和黏膜充血、出血，发绀。拒食，反刍及嗳气停止。精神沉郁，呆立，有的躺卧不起。严重者口鼻流出血样泡沫液体。初便秘，后期便血。多数在1～2天内死亡。

肺炎型：体温升高到41℃以上，精神沉郁，呼吸促迫，咳嗽，流鼻液，步态摇晃不稳。严重时头颈直伸，鼻翼开张、颤动，口吐白沫，间或便血。病程5～6天，转归多死亡。

剖检可见尸体腹部膨大，可视黏膜充血、出血，咽部、胸部皮下水肿，支气管附近胶样浸润。心外膜有大小不等出血点，心房、心室内有多量淡红色或浅黄色液体，血液呈暗红色且凝固不良。真胃黏膜肿胀、充血，有大小不同出血点。肠黏膜出血性炎症变化。

肺炎型病例主要为纤维素性肺炎病变，常见胸膜与肺粘连、胸水增量，并含有纤维蛋白渗出物，肺有不同的肝变期，切面呈大理石样。支气管内充满泡沫样淡红色液体，支气管和纵膈淋巴结水肿。

【预　防】

①鹿与其他畜禽隔离饲养，家畜、家禽不得进入鹿场，一切接触过其他畜禽的用具、饲料，不得再用于鹿的饲养。

②搞好环境卫生。鹿舍周围环境要安静，舍内地面、围栏、饲槽等尽量清除钉子、铁丝等，以减少鹿的皮外伤，减少鹿感染巴氏杆菌的机会。在巴氏杆菌病常发的炎热潮湿季节，要注意舍内的通风和饮水清洁，地面要经常清扫，保持干燥。

③鹿舍定期消毒，减少巴氏杆菌的存在。对鹿群要经常细心观察，及早发现病鹿并及时隔离，用3%～5%来苏儿或石灰水喷洒鹿舍及运动场，然后全群投喂磺胺类药物。

【治　疗】　对隔离的病鹿进行积极治疗。肌肉注射青霉素500万～800万单位/头，1次/天，连用5～7天；肌肉注射链霉素50万～100万单位/头，1次/天，连用5～7天。病情严重者将青霉素用葡萄糖250毫升溶解后静脉点滴。同时，也可在葡萄糖静脉点滴液中加入三磷酸腺苷60～120毫克、辅酶A 150～900国际单位、细胞色素C和维生素C适量静脉点滴，治疗效果更好。磺胺类药物包括磺胺唑钠、磺胺二甲基嘧啶和磺胺嘧啶等都有较好的疗效，但需早期使用，每千克体重用0.13克内服或静脉注射。

（八）坏死杆菌病

鹿坏死杆菌病是由坏死杆菌引起的慢性传染病，又称鹿小蹄病、鹿坏死性肺炎和腐蹄病等。以蹄部、皮肤、消化道黏膜、内脏发生坏死性病变为特征。该病无季节性，一年四季均可发生，卫生条件差、梅雨季节多发。鹿易感，一般呈散发，罕见爆发病例。鹿圈舍地面不平整、有坚硬和突起砖石都易造成蹄部和四肢外伤，给坏死杆菌侵入造成机会。

【症　状】　潜伏期短，一般几小时就会出现临床症状，患肢出现肿胀跛行、局部皮温高、体温变化不明显、全身症状较轻。随病情发展，肢体关节出现炎性反应、肿胀坏死，局部溃疡形成瘘管通道，流出黄白相间恶臭液体，通道有的通向蹄匣，造成蹄匣脱落、疼痛不安，一肢体感染后可能累及其他肢体而相继出现症状。脏器感染时呼出恶臭气体，进行性消瘦，预后不良。也有脏器首先感染而波及肢体的病例。坏死杆菌外毒素对筋腱、筋膜和骨膜具有特异性侵害作用。因此，肢体关节病变只是坏死杆菌病在肢体上的特异性表现。坏死杆菌也可以引起口腔和乳房溃疡坏死，在极端条件下，也能经口腔黏膜感染导致菌血症而呈爆发形式引起急性死亡。

【预　防】　搞好环境卫生，加强消毒工作，减少外伤的发生；发生外伤及时处理，杜绝坏死杆菌感染；早发现早治疗，尽早阻断病情发展。

【治　疗】　先清创，局部剪毛消毒，扩创，清除坏死组织和骨质碎片，清创要彻底，用生理盐水反复冲洗干净。塞入去腐生肌散（特制），用碘甘油封住创口，进行外科包扎。肌肉注射头孢噻呋钠5毫克/千克体重。

（九）沙门氏菌病

鹿沙门氏菌病又称副伤寒，是由沙门氏菌引起的人兽共患传染病，以引起败血症和胃肠炎，孕鹿发生流产为主要特征。

【症　状】　仔鹿常呈急性经过，病鹿体温升高，精神沉郁，喜躺卧，食欲减退并很快废绝，呼吸加快，脉搏增数。较明显的症状为严重的下痢排灰黄色液状粪便，混有黏液和血液，有恶臭，最后体温下降，可达正常体温以下，脱水，衰竭，在昏迷状态下死亡。成年鹿常表现体温升高，精神高度沉郁，食欲废绝，呼吸困难，继而下痢，粪便带血或纤维素絮片，有恶臭，迅速脱水消瘦，有时表现腹痛。妊娠母鹿常发生流产。

慢性病例症状不太明显，主要表现为消化功能紊乱，食欲不同程度的减弱，下痢，粪便混有黏液，恶臭。临床康复后可成为带菌者。

剖检可见胃及小肠黏膜肿胀、变厚，有时充血，有时有少量针尖或更大些的溃疡，肠内容物为稀薄的黏液，常混有血块或纤维素性絮状物。肠淋巴结显著肿大、出血。脾明显肿大，呈暗红色或暗褐色，切面多汁，散在出血点、斑及灶性坏死。肝大，浅黄色或红褐色，切面外翻，小叶不清。胆囊增大，充满浓稠胆汁。肾皮质有少量出血点。

【预　防】　加强饲养管理和卫生防疫工作。消除诱发因素，增强机体的抵抗力，发病后隔离治疗，及时检出带菌鹿，对圈舍、用具仔细消毒，对病死鹿应深埋或烧毁。

（1）**隔离消毒**　鹿群一旦发病，首先清除传染源，对病死鹿深埋或焚烧，并严格消毒。对病鹿隔离饲养，对圈舍、饲槽、饲具及周围环境进行彻底消毒。

（2）**加强饲养管理**　尽可能减少一切应激，禁喂带冰饲料或发霉饲料。注意防寒保暖增强鹿只的体质，提高其抗病力，特别是对妊娠期和哺乳期的母鹿、断乳初期的仔鹿尤为重要。不要随意引进鹿，做好驱虫灭鼠工作。

【治　疗】　要在改善饲养管理和消除诱发因素的基础上进行隔离治疗。

（1）**抗生素疗法**　可选土霉素和新霉素，剂量为每日每千克体重 5～15 毫克，分 2～3 次口服。连用 3～5 天后剂量减半，连续用药 4～7 天。

（2）**磺胺类药物疗法**　每日每千克体重用磺胺甲基异噁唑或磺胺嘧啶 20～50 毫克，加甲氧苄胺嘧啶 2～4 毫克，混合后分

2次口服，连用1周。或用复方新诺明70毫克，首次加倍，连用3～7天。

（3）**喹诺酮类疗法** 可选用吡哌酸、氟哌酸（诺氟沙星）、环丙氟哌酸（环丙沙星）等药物，用量和用法参照使用说明书。

（十）魏氏梭菌病

鹿魏氏梭菌病又称肠毒血症，是由魏氏梭菌引起的一种急性传染病。以败血症、剧烈腹泻和肠道重度出血为特征。本病呈散发或地方性流行，一年四季均可发生，常见于夏季，2岁以下幼鹿多发。

【症　状】 多呈最急性或急性经过，往往见不到较明显的临床症状即突然死亡。

（1）**最急性型** 仅见腹部膨胀，口吐白沫，很快倒地痉挛而死。有的死前尖叫，排出血便，有些出现神经症状，表现惊恐、怪叫，随之痉挛、麻痹倒地而死亡。病程在数小时之内，致死率为100%。

（2）**急性型** 表现精神沉郁，采食减少或食欲废绝，体温升高，鼻镜干燥，呼吸促迫，站立不稳，离群独卧，肌肉震颤，腹部增大，腹痛不安，反刍停止，血便，甚至急剧腹泻，肛门松弛，排粪失禁。可视黏膜发绀，濒死期常发生角弓反张，最后昏迷而死。病程一般在1～3天。

剖检可见，尸体一般营养良好，尸僵不全，腹部明显膨大，肛门外翻；皮下组织呈出血性胶样浸润，胸腔和腹腔有多量暗红色血样液体。肝大充血、质脆；脾肿大、质脆；肾脏肿大，质软如泥状、变形，有的肿胀出血，皮质和髓质界限不清；心内膜、心外膜有出血点。肺水肿，充血；肠黏膜弥漫性出血，黏膜易脱落，肠内容物呈液状，红或深红色；肠系膜淋巴结肿大、切面多汁；真胃黏膜出血、水肿或坏死；膀胱黏膜有出血点，尿液呈暗紫色。

【预　防】 首先要加强饲养管理，如改造潮湿低洼地块，圈内换土或改铺成水泥地面，尽量在高岗山坡等干燥地段放牧，适当减少青嫩富有蛋白质的饲料等。病源污染地区的鹿群，每年要预防注射鹿魏氏梭菌灭活菌苗每头 5 毫升，臀部肌肉多点注射，连续免疫预防注射数年。发病季节可用土霉素、金霉素药物预防。

【治　疗】　本病多急性死亡，药物治疗的效果不好；病程稍缓者，可用抗菌磺胺类药物肌肉注射，群体口服小苏打 20～30 克＋敌菌净片 20～25 毫克／千克或小苏打 20～30 克＋磺胺脒片 5 克。

（十一）大肠杆菌病

大肠杆菌病是仔鹿和幼鹿常见的一种传染性疾病，成年鹿少发。该病以下痢、腹泻为主要临床症状，偶有败血症发生。

【症　状】　哺乳期仔鹿的发病症状同仔鹿下痢。断乳后 1 岁的幼鹿（2 岁以上的成年鹿少见）常发本病，该病主要症状是腹泻，病鹿食欲减退，而后废绝，饮欲增强，体温升高，鼻镜干燥。精神沉郁，结膜充血，离群。粪便初期呈黄色、灰白色或绿色，呈稀粥状，后期带血，有的呈水样粪便，呈污红色并带有恶臭味。病鹿脱水，眼窝下陷，全身衰弱，体温下降，四肢变凉，昏迷而死亡。

主要病理变化出现在胃肠道，胃黏膜大面积脱落，胃内容物恶臭并见有紫红色沉淀物。肠黏膜充血和出血，肠内容物空虚或充满紫红色血液或淡黄色食糜，肠黏膜脱落，肠壁变薄。肠系膜淋巴结肿大出血，呈紫黑色。肝脏呈紫红色、稍肿大。其他脏器变化不明显。

【预　防】　要加强对妊娠母鹿饲养管理，饲料要营养全价，特别注意各种维生素、微量元素和磷、钙的补给。

产仔前要对母鹿圈进行彻底清扫和消毒。母鹿产仔时，圈舍要保证排水良好，卫生干燥。

鹿场发生该病时，对病鹿要及时隔离治疗，对尸体进行无害化处理，对污染的圈舍和环境进行彻底消毒。饲料中可适量加入诺氟沙星、阿米卡星全群投喂。

【治　疗】　首先排出可疑和不良的饲料，换上新鲜易消化的饲料。常采取药物和血清疗法。

（1）**药物疗法**　本病以抑菌消炎、整肠健胃和强心补液为重点，同时配合其他一些对症疗法。常用磺胺咪每千克体重0.1毫克、链霉素10毫克，同时配合乳酶生、胃蛋白酶、碱式硝酸铋、小苏打适量，每天2次内服。必要时进行补液，常用5%葡萄糖500～1000毫升，维生素C 200～400毫克混合，一次静脉滴注。

（2）**特异性疗法**　可采取农畜抗大肠杆菌血清进行治疗，效果良好。也可采用该菌免疫球蛋白进行治疗，但因价格昂贵很少应用。

三、鹿主要内科病

（一）前胃弛缓

前胃弛缓是鹿的前胃兴奋性降低，收缩力减弱，内容物运转缓慢的一种疾病。临床上以食欲减退、反刍障碍、前胃蠕动功能减弱或停止为特征。本病是鹿的常见病，病因主要是饲养管理失宜，也经常继发于各种前胃病、消化器官疾病乃至其他疾病。长期舍饲鹿发病率较高。

【症　状】　病鹿主要表现精神倦怠，食欲不振或废绝，反刍逐渐减弱甚至废绝，逐渐消瘦。有时出现异嗜、磨牙症状，常离群呆立。

瘤胃蠕动音减弱或消失，蠕动次数减少，肠音显著减弱。初期排粪迟滞，粪便干燥、色暗，被覆黏液，以后排恶臭的稀便。触诊，内容物多为稀软呈粥状，有的下部较黏硬，但不过度充满。

初期全身症状变化不明显。继发胃肠炎时，有恶臭的稀便或下痢，后期继发积食、臌胀、瓣胃阻塞等病时，全身反应加重，多伴发脱水和自体中毒，甚至败血症。

【预　防】　重点应注意日常的饲养管理。饲养要定时、定质、定量，不要使鹿过量采食；换料要逐渐进行；防止冰冻，霉败，有毒饲料混入；保持圈舍的卫生，并做好定期消毒；及时诊治原发性疾病；防止各种应激。

【治　疗】　治疗原则着重于改善饲养管理，排除病因，增强前胃功能，健胃消导及防腐止酵。

首先应改善饲料、饲养以及管理上的不当之处，排除原发性病因，限制饲料给量。

轻症者可配合以副交感神经兴奋剂，恢复机体的神经体液调节功能，促进瘤胃蠕动。如比赛可灵，鹿每 100 千克体重 5～8 毫克，或毛果芸香碱，鹿每 100 千克体重 50～60 毫克。同时，成鹿可灌服人工盐 200 克或健胃散 200 克用以健胃，也可静脉注射 10% 氯化钠溶液 200～400 毫升。亦可使用胃蛋白酶 20 克、稀盐酸 20 毫升、龙胆酊 40 毫升、番木别酊 30 毫升，加水至 400 毫升，一次灌服，1 天 1 次。

病程稍长者，可考虑应用促反刍液，即 10% 氯化钠溶液 100 毫升，5% 氯化钙 200 毫升，安钠咖 1 克，成鹿一次静脉注射，并可配合维生素 B_1 10 毫升，静脉注射，每日 1 次。同时，可内服防腐止酵剂，如鱼石脂、酒精、来苏儿等。成鹿也可灌服大黄酊 50 毫升，硫酸钠 150 克，温水 500 毫升用以健胃消导。

晚期病例，伴发脱水和自体中毒时，可用 25% 葡萄糖溶液 200～500 毫升，静脉注射；或用 5% 葡萄糖生理盐水 200～500 毫升，40% 乌洛托品 10 毫升，20% 安钠咖 5 毫升，静脉注射。

中兽医上，常以健脾益气为主进行施治。常用方剂有四君子汤和健脾散。也可取健康动物反刍的食团，喂给病鹿。

（二）瘤胃积食

主要因饲养管理不当引起瘤胃内积聚过多的食物，容积增大，前胃运动功能紊乱的疾病。鹿在换季饲喂时也常有发生。

【症　状】　瘤胃积食病情发展迅速，通常在采食后数小时内即可发病。

病程初期，病鹿表现神情苦闷不安，呆立或频频回视腹部，并呈现频繁地伸腰姿势，有的还表现后肢踢腹或自动将前躯放在高处。病鹿腹部容积显著增大，左肷部充满，甚至突出；同时，精神沉郁，低头、垂耳，嗳气、反刍明显减少以至停止，鼻镜变得干燥。有的鹿则表现不断地有恶臭的嗳气、呕吐及不安。

触诊，瘤胃较坚实或呈捏粉状，用拳头按压后留有压痕。叩诊多呈浊音，上部鼓音区消失。听诊，蠕动音逐渐减弱乃至消失。病鹿呼吸困难、浅表，脉搏增数，可视黏膜发绀，但体温一般正常。

【预　防】　本病多因饲养管理失宜而引起，因此在预防上应注意加强饲养管理。尽量做到定时定量，防止贪食或饥饿；容易膨胀的饲料，要先充分蒸煮或用水完全泡软后再喂；运动量及饮水必须充足，每天按量喂给食盐，以兴奋胃肠功能；换料应逐渐进行。另外，要及时诊治各种能引起本病发生的原发疾病。

【治　疗】　主要是恢复前胃运动功能，促进瘤胃内容物排出。

首先，应限制病鹿饲草的给量，必要时采用饥饿疗法1～2天，在此期间，应让其自由饮水。病鹿完全恢复后数日内，也不要给予过于粗硬或过多的饲草，可喂给少量柔嫩多汁、易消化的饲料，以后再逐渐恢复正常的饲养管理。同时，可考虑每日多次进行病鹿瘤胃的按摩或左侧腹壁涂擦松节油搽剂，以促进瘤胃运动。也可在此之前，先内服酵母粉300～500克和温水500～2000毫升，再进行按摩。

此外，为兴奋前胃神经，促进瘤胃内容物的运转与排除，可内服硫酸钠或硫酸镁 100～200 克，液状石蜡或植物油 100～300 毫升，鱼石脂 5～10 克，95% 酒精 10～20 毫升，一次内服。并配合毛果芸香碱或毒扁豆碱等副交感神经兴奋剂，皮下注射。

病因疗法，可用 10% 氯化钠溶液 100～200 毫升或促反刍液，进行静脉注射，以改善中枢神经系统调节功能，增强心脏活动，促进血液循环和胃肠蠕动。

晚期病例，除反复洗涤瘤胃外，宜用 5% 葡萄糖生理盐水 200～1 000 毫升、20% 安钠咖 5 毫升、维生素 C 0.5～1 克，成鹿一次静脉注射，每天 2 次，用以强心补液，防止脱水和自体中毒。另外，当病鹿血液碱贮下降时，可用 5% 碳酸氢钠 50～200 毫升，缓慢静脉注射，以缓解酸中毒。必要时，用维生素 B$_1$ 0.5～2 克，皮下或肌肉注射，调节代谢。

在病程中，若继发瘤胃臌胀，应及时进行瘤胃的穿刺放气，并向瘤胃内投入抗生素，以抑制致病菌的增殖。

对于危重病例，药物治疗无效时，即进行瘤胃切开术，取出部分内容物，用 1% 温盐水洗涤。必要时，可接种健康动物反刍的草团，以恢复正常的瘤胃共生环境。

中兽医上，常用通气散合大戟散加减或曲蘖散合四君子汤加减来进行治疗。资料记载，用榆树根皮 500 克，加水 5 000 毫升，煎熬成黏稠状，去皮一次内服对本病有较好的疗效。也可用莱菔子 300 克，植物油 250 克，水 1 000 毫升一次内服。

（三）瘤胃臌胀

瘤胃臌胀，是反刍兽采食了大量容易发酵的饲料，在瘤胃内发酵，迅速产生并积聚大量气体而引起瘤胃急剧臌胀的疾病。本病鹿也较为常见，成年鹿、仔鹿都有发生，仔鹿病程更急，死亡率也较高。

【症　状】本病多发生于采食后数小时内，病情发展急剧，突出表现是腹围急速增大，病鹿采食、反刍与嗳气完全停止。

病鹿表现出弓背、举尾、狂躁不安，视诊腹围增大，尤其左肷部明显，甚至高过脊背。同时，可视黏膜发绀，结膜充血，静脉血管怒张。触诊，胃壁紧张并有弹性，叩诊呈鼓音。听诊，瘤胃蠕动初期增强，以后逐渐减弱或完全停止；心搏动明显增强，每分钟可达 120 次以上。严重者还表现明显的呼吸困难、张口伸舌，呼吸促迫，呼吸频率显著增强，每分钟可达 60～100 次。体温变化不明显。

【预　防】 本病的预防重点是加强饲养管理，增强前胃神经的兴奋性，使动物保持健康水平。防止青绿饲料堆积、雨淋、冰冻、霉败；防止饲喂大量青绿饲料，尤其是豆科植物；注意精饲料的给量及调制方法；换料应循序渐进，防止突然更换；防止动物前胃弛缓等原发性疾病以及饲养管理中各种应激反应的发生。

【治　疗】 本病的病情发展急剧，抢救贵在及时，因此治疗的原则主要在于迅速排除瘤胃积气，防止胃内容物进一步酵解，理气消胀，强心补液，健胃消导，以促进其康复。

初期病例，可将鹿前高后低体位站立保定，用草把适度按摩瘤胃，以促进气体经口排出，同时，用松节油 10～30 毫升、鱼石脂 5～10 克、酒精 10～20 毫升，加适量温水调服。也可用 40% 甲醛 5～10 毫升，温水调服（不宜多次使用）。

对于腹围增大显著、呼吸高度困难、有窒息危险的重症病例，可进行瘤胃的穿刺放气。于左肷部常规剪毛、消毒后，用套管针垂直皮肤刺入瘤胃，拔出针芯即可。注意排气较快时，应采取间断性放气，防止血液突然回流腹部而引起急性脑贫血、缺氧、虚脱。对于非泡沫性臌胀（穿刺较容易放出气体者），可在放气后注入鱼石脂、酒精与温水调成的制酵剂或稀盐酸，也可注入 0.25% 普鲁卡因 10～30 毫升、青霉素 80 万单位，用以制酵。对于泡沫性臌胀（穿刺排气较为困难，只有少量气体断断续续排出者），可在放气后注入二甲基硅 0.5～2 克或松节油 10～30 毫升，液状石蜡 100～300 毫升以及适量温水，用以消沫。

此外，可内服人工盐 30～60 克或芒硝 30～50 克，排除胃内积食，恢复瘤胃功能，也可用副交感神经兴奋剂，促进瘤胃蠕动，有利于反刍和嗳气。

在治疗过程中，应注意鹿的全身状态，及时强心补液，可用复方氯化钠溶液或促反刍液配合以维生素 C、强心剂等，以维持心脏功能，保持水盐代谢平衡。

（四）鹿瘤胃乳酸中毒

因鹿过多地采食了富含有碳水化合物的谷物饲料，引起瘤胃异常发酵，形成大量乳酸，而导致前胃功能障碍的一种疾病。临床上以发病突然、全身症状、神经症状明显，瘤胃液、血液酸化以及脱水等为特征。

【症　状】 病程短急者，过食谷物饲料后 4～8 小时突然发病死亡。偶有表现精神沉郁、喜卧、腹泻等，并也很快死亡。

轻症者，表现为精神沉郁，食欲和反刍消失，流涎，结膜充血，严重脱水，皮肤紧裹，被毛焦乱无光，眼球下陷，少尿或无尿，粪便稀软。瘤胃胀满，内容物稀软。心跳加快，脉搏增数，呼吸急促，少数病者体温升高，可达 41℃。有时伴发蹄叶炎、瘤胃炎。

重剧病鹿，还出现明显的神经症状。表现为运步强拘，肌肉震颤，意识模糊，反射减弱，甚至消失。有的则表现中枢神经过度兴奋的症状，如狂躁不安、攻击人畜，直冲或转圈运动等。后期则出现后肢麻痹、瘫痪、卧地不起、眼球震颤、角弓反张等，最后因败血或昏迷而死亡。

实验室检查，瘤胃液 pH 值和总酸度降低，血液黏稠，红细胞压积增高（可达 50%～60%），血液乳酸含量增高，血液碱储和二氧化碳结合力也降低。

【预　防】 重点加强饲养管理，尤其要严格控制谷物饲料的饲喂量。注意合理的加工配制日粮，浓厚谷物饲料的增加要逐渐进行。另外，应保证日粮质量的优良和及时定时饲喂。

【治　疗】　应尽快清除瘤胃内有毒内容物，及时补液纠正脱水和酸中毒，制止瘤胃继续产生乳酸，并注意保肝、健胃。

为制止瘤胃继续产生乳酸，可用 1% 氯化钠溶液或碳酸氢钠溶液，反复冲洗瘤胃。为纠正酸中毒，可根据实验室测得病鹿血浆二氧化碳结合力数值，用 5% 碳酸氢钠溶液静脉缓慢注射。根据病鹿脱水程度，可用生理盐水或复方氯化钠溶液或 5% 葡萄糖溶液静脉注射，每天 1 000～3 000 毫升，每天分 2 次注射。

另外，应根据病鹿的不同病程，辅以对症治疗。如给予健胃药，以促进胃肠运动；静脉注射抗生素，防止继发感染；伴发蹄叶炎者，可应用抗组织药；并注意防止心衰和休克，可适当应用强心剂和肾上腺皮质激素制剂。

重症病例，可考虑进行瘤胃切开术，取出有毒或酸性强的内容物，并移入正常瘤胃液或内容物，以恢复瘤胃正常菌群关系。

（五）鹿胃肠炎

一般是指鹿胃肠的黏膜及深层组织的炎症。主要与饲养管理失宜有关。

【症　状】　鹿胃肠炎，病程较短。临床所见，其病程短者 2～3 天，长者 5～7 天，如不及时治疗，常以死亡告终。仔鹿病死率更高。

病鹿食欲锐减，常离群呆立，精神沉郁，低头垂耳，被毛逆立无光，鼻镜常干燥，眼结膜先潮红后黄染，舌苔重，口干臭，四肢、鼻端等末梢冷凉。病鹿反刍停止，腹壁卷缩，触诊敏感，听诊胃肠音沉衰，体温多高达 40℃ 以上，病初多便秘，粪干硬色暗，并混有多量灰白色黏液，有时甚至有较多粪球被黏液包裹成团排出。

随病情发展，粪团中除混有黏液外还将出现血液、伪膜及坏死组织，气味恶臭。继而转为下痢，排出粥状污秽的恶臭稀便，肠音在腹泻过程中有所加强。此时鹿完全拒食，但饮欲增加，全身症状加重，脱水明显。眼窝下陷，皮肤弹性减弱，脉搏快而弱，尿量减少。最后多因脱水、自体中毒而死。

【预　防】　首先应加强日常的饲养管理，保持圈舍、饲料、饮水、鹿只清洁。必须注意饲料质量、饲养方法，饲喂应定质、定量、定时，建立合理的饲养管理制度，加强饲养人员的业务水平，提高科学饲养水平。其次，应注意饲料贮存和加工调制工作，防止饲料霉败、冰冻，或混有泥沙，或加工过粗，或饲料过大、过硬。另外，应对鹿群定期进行检查，并注意平时的各种异常情况，及时诊断、治疗疾病。注意适时驱虫和防疫。

【治　疗】　鹿胃肠炎的治疗贵在查明病因，及早治疗。治疗中重点以清理胃肠、保护胃肠黏膜、制止内容物腐败发酵、解除中毒、强心补液等为主，并加强治疗过程中的饲养和护理。

抑菌消炎，是治疗胃肠炎的根本措施。一般常内服如下药物进行治疗：呋喃唑酮0.5～1克，磺胺咪10～15克，每天2次内服；或小檗碱1～2克，每天3次内服。也可内服蒜泥来进行治疗。有条件者，可利用粪便做药敏试验，参考用药，效果更佳。

胃肠炎早期，排粪迟滞，粪便干燥或黏稠、恶臭时，可予以缓泻，促进病菌及有毒物质的排除，一般常用人工盐200～250克，温水1 000～2 000毫升，一次内服。为制止内容物发酵，可加入鱼石脂8～10克，内服。

胃肠炎症状明显，腹泻加重，粪便稀薄，臭味不大时，应注意及时止泻。一般常用0.1%高锰酸钾溶液500～1 000毫升，每日2次内服；或用鞣酸蛋白10克、碱式硝酸铋5克、碳酸氢钠20克、淀粉浆500毫升，一次内服；也可用药用炭50～100克、水500～1 000毫升，混合后内服，或用氢氧化铝凝胶200～300毫升内服止泻并保护胃肠黏膜免受毒害或刺激。

对于胃肠炎中、后期的病例，应加强全身抗生素疗法和对症疗法，以达到综合、全面治疗的目的。治疗上应以补液为基础，及时进行强心、保肝、解毒、防止循环衰竭和增强机体抵抗力等综合治疗措施。

另外，为纠正酸中毒，输液时可加入5%碳酸氢钠溶液200～500毫升。为维护心脏功能，可用0.5%强尔心5～10毫升。对特别虚弱病鹿，可在输液时加入三磷酸腺苷（ATP）、辅酶A、肌苷和细胞色素C。肠道出血者，可用止血敏，每千克体重1～15毫克。

继发性胃肠炎，应及时彻底治愈原发病。如中毒性胃肠炎应以解毒为主；传染性胃肠炎，可用抗血清疗法；寄生虫性胃肠炎，以驱虫为主。并辅以上述对症和支持疗法，进行综合治疗。

中药方剂对胃肠炎有很好的疗效，中兽医临床上常用郁金散和白头翁汤来治疗。

（六）支气管肺炎

支气管肺炎是指因受寒感冒，或吸入霉菌孢子、烟尘、厂矿废气，或饲养管理失宜，圈舍卫生条件不良，营养物质缺乏等导致由支气管或细支气管黏膜开始，并蔓延至个别肺小叶或几个肺小叶的炎症，故又称小叶性肺炎。由于发病时肺泡内充满血浆、白细胞及上皮细胞等卡他性炎症渗出物，又称为卡他性肺炎。鹿在气温多变的季节更易发生。

【症　状】鹿发生支气管肺炎，病初常呈支气管炎症状，且全身症状较重。表现为病鹿出现干而短的痛咳，呼吸数增加，每分钟可达40～60次，病鹿精神沉郁，食欲减少甚至废绝，饮欲增加，体温升高1～2℃，呈弛张热型。后期呈现混合性呼吸困难，结膜潮红或发绀，脉搏增数，每分钟可达70～100次，湿润而长的痛咳，由鼻孔流出黏液性或黏液脓性的鼻汁。病鹿胸部叩诊呈现一个或数个局灶性浊音区。胸部听诊，病初肺泡呼吸音减弱或消失，并可听到捻发音；后期则出现支气管呼吸音，有时也听到各种啰音。

仔鹿肺炎多数为小叶性肺炎，多发生于哺乳仔鹿，表现为精神沉郁，离群呆立，喜卧，鼻镜干燥，被毛粗乱无光，哺乳次数减少，体温升高，多为弛张热，两侧鼻孔流出浆液或黏性分泌物，呼吸数增加，听诊肺部有啰音。

　　【预　防】　日常饲养管理中应加强营养，注意防寒保暖，保持圈舍卫生，定期免疫、驱虫，并防止各种应激情况的频繁发生。

　　【治　疗】　支气管肺炎的治疗，应以改善饲养管理、消炎、祛痰止咳、制止渗出为原则来进行。

　　首先应使动物处于温暖、通风良好、清洁的圈舍环境中，注意动物的营养及圈舍清扫、消毒工作，防止环境中不良气体刺激使病情加重。

　　治疗本病的常用药物为青、链霉素。青霉素，鹿可按 2～3 万单位/千克体重，肌肉或静脉注射，1 天 2 次；链霉素，鹿 5～10 毫克/千克体重，1 天 2 次。也可考虑用氨苄青霉素 25 毫克/千克体重或先锋霉素（耐青霉素者）10～35 毫克/千克体重来代替青、链霉素，肌肉注射，1 天 2 次。另外，卡那霉素、磺胺类药物对本病也有较好效果。有条件者，可通过病鹿鼻分泌物的药敏试验，来选择抗生素，效果更佳。在应用抗生素进行治疗时，可配合地塞米松、维生素 C，以增进疗效。

　　咳嗽较重者，可用复方干草片，鹿 5～15 片/次，1 天 2～3 次。

　　为制止炎症渗出，可用 10% 氯化钙溶液 10～100 毫升，静脉注射，1 天 2 次；并可用利尿剂以促进渗出物的排除。为防止动物气喘，可用氨茶碱或盐酸麻黄碱口服，并可考虑静脉注射 3% 过氧化氢溶液以缓解动物呼吸困难。治疗中，还应注意进行强心和解热。

　　中兽医上常用银翘散、麻杏石甘汤、清肺散等方剂来进行治疗。

（七）大叶性肺炎

大叶性肺炎，是指整个肺叶或全叶由病毒、细菌侵害的重剧性炎症，因其发病时有大量的纤维蛋白性物质渗出，故又称纤维素性肺炎，或格鲁布性肺炎。临床上以高热稽留，流铁锈色鼻汁，叩诊肺区有广泛性浊音区，以及呼吸障碍等为特征。典型病例多取特殊病理定型经过，即充血期、红色肝变期、灰色肝变期、溶解期。

本病多由于传染性疾病继发。

【症　状】　病初，鹿体温迅速升高至40～41℃或更高，高热可持续1周以上；呼吸数也明显增加，呈混合性呼吸困难，脉搏增数，可达100～120次/分；食欲废绝，黏膜充血、发绀，并伴有黄染，常卧地不起，呻吟或磨牙；反刍紊乱，泌乳停止。若伴有渗出性胸膜炎时，则表现前肢开张、头不能下垂、呼吸困难等症状。

病程中后期，鹿发生气喘和间歇性粗厉的痛咳，可见有铁锈色鼻汁流出，系由于渗出物中红细胞的血红蛋白病变所致，此症状为本病的示病症状。

肺区叩诊在充血渗出期，呈过清音，进入肝变期则转为半浊音、浊音。若伴发渗出性胸膜炎时，常呈水平浊音。

肺部听诊，在充血、渗出期出现肺泡呼吸音增强和干啰音，随着肺泡渗出物的出现和增多，则出现湿啰音或捻发音，而肺泡呼吸音减弱甚至消失。肝变期则有支气管呼吸音。

血液检查，通常可见到白细胞数增多和淋巴细胞减少（危重者，白细胞数也见有减少。）其中中性粒细胞增多明显，并有核左移现象。有时可见血液二氧化碳分压增高，长期高热者，可见轻微的蛋白尿。

非典型病例，症状及反应轻微，也常有呼吸数增加和红黄色鼻汁，热型不定。

【预　防】病鹿应隔离饲养，保持笼舍清洁卫生，以青草、青干草饲喂。平时应加强饲养管理，防寒、防雨，定期检疫、防疫。

【治　疗】大叶性肺炎的治疗，重点应以解热、抑菌消炎、制止渗出，促进渗出的吸收和排除为主要原则来治疗。

其治疗方法基本同支气管肺炎。若继发渗出性胸膜炎、胸腔积液或气胸时，可考虑通过穿刺排除；为加快渗出物的吸收，防止其机化，可内服碘化钾或碘酊。此外，可考虑应用新砷凡钠明（九一四）和磺胺嘧啶钠，静脉注射。

四、鹿主要外科、产科病

（一）创　伤

创伤是指由于各种机械性的、化学性或物理性原因所引起的动物体组织发生皮肤黏膜或较深层组织的开放性损伤。创伤多见于公鹿锯茸季节与配种季节。母鹿与仔鹿则较少。

【症　状】创伤主要症状表现有以下几点。

（1）**疼痛**　由创伤达到深层组织，刺激神经所致。严重的创伤因剧烈疼痛而使动物休克。

（2）**出血**　由于皮肤完整性以及皮下肌肉、血管损伤所致。体表或皮下组织的毛细血管出血时为渗透性出血；静脉出血呈泉涌状，血色暗红，易于止血；动脉性出血时，流血如喷射状，止血一般须结扎。在短时间内大量出血的创伤，易出现血压下降，心跳及脉搏微弱，黏膜苍白，休克，甚至昏迷或死亡。

（3）**创口裂开**　大小决定于受伤部位，创口的方向、长度和深度以及软组织的弹性等。

（4）**功能障碍**　创伤的部位因局部疼痛、血液循环障碍导致功能障碍。

【预　防】加强饲养管理。防止鹿只争斗，改进配种方式，采用单公群母的配种方法；及时清除圈舍、运动场内的杂物，消除导致创伤的因素。

【治 疗】

（1）**及时止血** 根据创伤部位和出血程度，以压迫、钳压、钳压结扎等方法进行止血，并应用止血药如外用止血粉或白鲜皮9份、消炎粉1份，创面撒布。严重者亦可全身应用止血药物，10%氯化钙液50～100毫升，一次静脉注射；维生素K3注射液10～15毫升，一次肌肉注射；兽用止血针5毫升，一次肌肉注射；凝血质注射液10毫升，一次肌肉注射。

（2）**清洁创围** 先用灭菌纱布盖住创口，剪除创口周围被毛，用温肥皂水或消毒液冲净后用5%碘酊消毒创围。

（3）**清理创腔** 除去覆盖物，反复用生理盐水或防腐液冲净创腔，按外科方法修整创壁，去除血凝块、异物、挫灭组织，彻底止血。

（4）**敷药、缝合** 彻底止血后向创内撒布消炎粉、三合粉（过锰酸钾、氧化锌、卤碱粉各等份，研成细末）或0.25%普鲁卡因青霉素液，缝合、包扎，对于严重创伤可部分缝合或开放治疗。

（5）**全身治疗** 对组织损伤严重或污染严重的创伤，应及时注射破伤风类毒素，并实施全身输液、抗感染治疗，防止败血症。

（二）脓 肿

常常继发于皮肤的昆虫螫咬、机械性损伤、坏死杆菌病和脱毛癣等病，由于皮肤出现伤口而使葡萄球菌、链球菌、绿脓杆菌、大肠杆菌等细菌侵入而发生。另外，腹腔脏器因外力或转移性病灶也可发生深在性脓肿。各年龄鹿均可发生，成年公鹿最为常见。

【症 状】 鹿的体表脓肿比较常见，最常见于面部、角的基部、后头部、颈部、腹侧、四肢等处，大小不一，发病初期面积较大，触诊比较坚实，有热痛反应，后期逐渐成熟后变得柔软、有波动感，热痛减轻，并局限化，突出于皮肤上，病程较久的有时会自行破溃。脓肿通常有脓肿膜包裹，腔内充满脓汁，颜色、性状不一。脓汁白色、黏稠，通常为葡萄球菌引起；脓汁带血、稀薄，通常为链球菌引起。脓汁镜检时，可以见到多量变性细胞核、嗜中性粒细胞，以及化脓菌等。

鹿的深在性脓肿多为脏器脓肿，一般为脏器损伤或血、淋巴源转移而形成，常见于肝脏、肺脏、肾脏、脾脏以及其他器官组织。脓肿扩散后可由身体自然组织间隙向体表流出，在体表出现炎症性水肿，并可引起明显的全身症状和严重的败血症。

【预　防】　注意体表外伤，保持皮肤清洁，及时处理外部损伤；保持鹿场清洁卫生，定期消毒灭虫。

【治　疗】　体表脓肿初期可进行患部皮肤消毒，然后涂以鱼石脂软膏加速脓肿成熟。成熟后可进行切开、穿刺排脓或摘除处理。切开时不要损伤深部健康组织，以防感染扩散；排净脓汁后用 3% 过氧化氢（双氧水）或 0.1% 高锰酸钾溶液冲洗脓腔，冲净后注入抗生素。必要时，病灶周围最好进行普鲁卡因青霉素环形多点封闭注射，每隔 2～3 天 1 次。严重者应考虑全身抗感染治疗。

（三）蜂窝织炎

在疏松结缔组织内发生的急性弥漫性化脓性炎症，称为蜂窝织炎。常发生于皮下、筋膜下及肌间的蜂窝组织内。以其中形成浆液性、化脓性和腐败性渗出液，并伴有明显的全身症状为特征。本病是较为重剧的外科感染，鹿可发生于各种外科感染后。

【症　状】　按发生部位通常有皮下、筋膜下和肌间蜂窝织炎 3 种，症状不尽相同。通常病程发展迅速，其局部症状表现为大面积肿胀，初期肿胀界限不清，局部温度升高，疼痛剧烈和功能障碍。全身症状表现有精神沉郁，体温升高，食欲不振，各系统功能紊乱。后期可能出现肿胀局限化，而出现波动感，也极有可能导致败血症，全身感染而死亡。

【预　防】　应注意防止外科感染的发生，及时处理外伤，发病后加强营养，多喂富含维生素、蛋白质的饲料，以提高机体抵抗力。

【治　疗】　本病的治疗原则是减少炎性渗出，抑制感染扩散，增强机体抵抗力。应注意全身治疗。

轻症者可采用局部疗法，病初为减少炎性渗出可用冷敷，如10% 鱼石脂软膏，或复方醋酸铅散、栀子浸出液。用 0.5% 盐酸普鲁卡因青霉素溶液（每 10 毫升加入青霉素 80 万单位）做病灶周围封闭。炎性渗出停止后可使用 10% 鱼石脂软膏热敷患处。

若全身症状加剧时，应立即切开病灶，排出渗出液，减轻组织内压，做好纱布引流，用中性高渗溶液作为引流液，促进排液。后期肿胀消退后，可按化脓创处理。

中兽医疗法，在病灶处外敷雄黄散，内服连翘散治疗。

严重病例应进行全身疗法，早期应用抗生素疗法防治败血症，可配合应用碳酸氢钠、乌洛托品、葡萄糖、樟脑酒精等，并注意强心、补液、解热、镇痛等对症治疗。

（四）淋巴外渗

淋巴外渗是当钝性外力作用于动物体表，使皮下或筋膜下的淋巴管破裂，淋巴液逐渐流出积聚于皮下或筋膜下而致的外科疾病。

【症　状】　淋巴外渗与血肿不同，不是在受伤后立即发生，而是逐渐形成明显的肿胀，通常在受伤后 3～4 日甚至 1 周左右，肿胀才不再增大。发生于皮下的淋巴外渗边界清楚，发生于筋膜下的则界限不清。触诊肿胀部无热和无明显疼痛，皮下不紧张，有明显的波动感。穿刺肿胀时，可排出橙黄色半透明的淋巴液，有时因混有血液呈红黄色。

【治　疗】　早期切开肿胀，排除积聚的淋巴液，然后用酒精、稀碘酊或酒精甲醛液（无水酒精 100 毫升，甲醛 1 毫升，5% 碘酊 1 毫升）洗涤创腔，并用浸润药液的纱布紧密填塞，以促淋巴凝固，也可于创内涂布碘酊。当淋巴渗出停止后，可按创伤处理。

（五）流 产

流产是指胚胎或胎儿与母体的正常关系受到破坏，而使妊娠过程中断的病理现象。

【症 状】 由于流产的发生时期、原因及母鹿反应能力的不同，流产的病理过程及所引起的胎儿变化和临床症状也不一样，归纳起来有以下 4 种：

隐性流产，指妊娠早期胚胎自体溶解并被母鹿吸收，一般几乎不见任何临床症状；个别母鹿数天内食欲减退或废绝，从阴道内排出红褐色污秽分泌物。

早产，指排出不足月胎儿，流产前兆与正常分娩过程相似，此类流产有时能引起鹿难产。

死产，指排出死胎，若发生在妊娠后期，往往伴发难产，鹿多见。

死胎停滞，即延期流产，主要有胎儿干尸化、胎儿浸溶、胎儿腐败气肿。母鹿精神高度沉郁，多有腹痛症状，容易发生毒血症和败血症。

【预 防】 为预防流产的发生，应根据具体情况，做好妊娠母鹿的饲养管理工作。对于习惯性流产的母鹿，可在预测流产日期前，肌肉注射 1% 黄体酮 2～3 毫升，并于妊娠期在日粮中加入适量的复合维生素；必要时给予镇静剂。

【治 疗】 对一般性流产，如排出不足月胎儿或死亡未经变化的胎儿，不需要特殊处理，主要应加强管理，彻查病因。如果胎儿死亡而未能排出，应及时采取相应的助产方法。当胎儿干尸化时，如果母鹿子宫颈已开张，可向子宫内灌入大量的微温的 0.1% 高锰酸钾液，然后试行拉出干尸化胎儿；如子宫颈尚未开张，可肌肉注射己烯雌酚 5～10 毫克，然后再进行人工诱导分娩。

（六）难　产

难产是指雌性动物本身或胎儿异常所引起的胎儿不能顺利通过产道的疾病。

【症　状】 母鹿有下列情形之一者，均可视为难产：

胎水流出后母鹿频频努责，经 3～4 小时不见胎儿任何部分。

只见胎儿鼻端或头及一前肢。多发生于另一前肢肩、肘或腕关节屈曲。

两前肢腕关节已娩出外阴而不见胎头，多见于侧头位或胸头位。或两前肢一长一短而不见胎头。

两后肢（蹄底朝上）飞节或一条腿飞节已娩出外阴，但产程不见进展，往往是胎儿的臀尖卡在盆腔的上缘或一条后腿屈曲。

阴道流出黄褐色污秽黏液，母鹿频频努责，不见胎儿的任何部分，母鹿精神沉郁等全身症状。

难产只有经过仔细检查，了解母鹿及其胎儿的情况，通过全面的分析和判断才能确诊。而且，选择什么助产方法，也与难产的诊断是否正确有着密切的关系。

首先应了解产期、年龄及胎次、分娩过程。另外还应了解清楚母鹿是否经过处理，助产方法及过程，注射催产药物时间长短，全身情况等。

确切的诊断需进行产道内探摸检查。方法是把可疑难产母鹿拨入保定装置内（助产箱或较狭小的夹道内）。助产者把手伸入产道内进行仔细检查阴道、子宫颈开张程度、子宫是否扭转、胎儿位置姿势等。

鉴别胎儿死活的方法是：正生时，将手指塞入胎儿口内，注意有无吸吮动作；或者掐拉舌头，是否活动；也可用手指压迫眼球，注意头部是否反应。倒生时，将手指伸入肛门，感觉是否收缩，或注意肛门外面是否有胎便。此外，产道内是否有胎毛大量脱落、皮下气肿、胎衣及胎水恶臭等亦可诊断。

【预　防】　对妊娠的母鹿要保证营养，妊娠后期不能过于优厚，应适当增加多汁饲料，并要保证其运动充分。预防并及时治疗各种引发流产的疾病。保证圈舍环境安静，杜绝生人进入，喂料、清扫圈舍都要事先给予信号，以免惊群；尽量避免拨鹿、调圈等工作。

【助　产】　难产助产的目的，是尽可能救活仔兽、保全母兽的生命并保持其再繁殖的能力。因此在难产检查和助产时，应遵循无菌操作原则，谨防软产道的损伤。

因为难产母鹿往往不安，保定方法正确与否，在很大程度上决定了助产的速度与成败，应根据具体情况采取镇静、局麻或全身麻醉措施。母鹿难产时，多采取伫立保定法，或横卧保定法。

助产准备，通常在对难产母鹿及胎儿进行全面检查后迅速完成，助产者磨光指甲并消毒手臂，对动物采取相应的保定措施，备齐助产用品，如液状石蜡、助产绳、毛巾、纱布、碘酊、0.1%高锰酸钾溶液、强心剂、抗菌药物等，必要时准备1套剖宫手术器械或产科器械。

助产方法，通常有牵引术、矫正术、截胎术、剖腹助产术和剖宫产术。临床上常根据不同的情况而选择不同的助产方法。

（1）**牵引术**　是通过牵拉胎儿的前置部分而解救难产的助产方法。主要适用于胎儿稍大，轻度的产道狭窄，阵缩努责微弱，药物催产无效，胎位、胎势异常但是胎儿较小，胎儿异常矫正后等情形。牵拉时可利用助产绳或长柄止血钳，死胎时可借助拉钩、眼钩等；胎儿体位严重异常时，应先进行矫正后再牵引，牵引应由术者统一指挥、协调一致，防止胎儿撕断或损伤母鹿的产道；拉出胎儿时需要按骨盆曲线的路径；当胎头通过阴门时，可由一人双手保护阴唇，以免撑裂；胎体即将全部拉出时，应放慢速度，以免子宫套叠或脱出。在牵拉时用力应适度，同时应该配合母鹿的努责进行拉出。

（2）**矫正术** 是将异常的胎势、胎向、胎位改变为正常的胎势、胎向、胎位，以解除胎儿性难产的助产方法。矫正术必须在子宫内进行，因此，首先必须将进入骨盆腔内或生殖道口近处的胎儿推进子宫腔，在胎儿体表润滑的情况下进行矫正，然后再拉出。应注意的是：当胎向、胎位异常时，往往伴发较复杂的胎势异常，需要根据具体情况，先矫正胎向、胎位，再矫正姿势；或先矫正姿势，再矫正胎位或胎向。如胎儿的头部扭曲、关节屈曲、异常背位、异常腹位等等均可采用矫正术。

（3）**截胎术** 是指应用截胎器械，肢解难产的胎儿，然后分别取出的助产方法。适应于无法矫正、牵引的胎儿，死胎，母鹿不能实施剖宫产等情况。常用的截胎方法有：胎头缩小术、胎头截除术、前肢截除术、后肢截除术、内脏摘除术、胸部截除术、胸廓截断术、骨盆围缩小术等。截胎时，带入产道或子宫内的锐利器械，要用手加以保护，严防损伤产道和子宫，并防止器械落入子宫内；拉出胎儿截断部分时，必须用胎儿皮肤或纱布等包盖断端。

（4）**剖宫产术** 是指通过腹壁和子宫壁切口取出胎儿，以解救难产的手术。

剖腹产主要适应症有：骨盆发育不全、骨盆变形；阴道高度肿胀狭窄，手不易伸入；胎儿过大或水肿；无法矫正的子宫扭转、胎儿异常；子宫颈狭窄，且胎囊已经破裂，子宫颈没有继续扩张的迹象；阵缩微弱，且催产无效时；母鹿患有危及生命的疾病，需剖宫救治仔鹿。上述情况下，无法拉出胎儿，又无条件进行截胎，尤其在胎儿还活着时，可以考虑施行剖宫产术。但是如果胎儿已经腐败，母鹿全身状况不佳，确定施行剖宫产以前需十分谨慎。

剖宫产术式：剖宫产时根据难产的诊断采取侧卧或仰卧保

定，按常规外科手术方法消毒处理，全身麻醉并配合局部麻醉，鹿剖宫产常用腹下切开法（如腹中线、腹中线旁侧）和腹侧切开法（肋弓下斜切、腹侧直切）2种，而切口位置的选择应根据难产诊断结果确定，一般的原则是在体外哪里最易摸到胎儿就选择那里切口，这样更有利于子宫的拉出。

①腹下切开术术式 切口部位常用腹中线与右乳静脉之间。在中线与右乳静脉之间，由乳房基部的前缘做一与中线平行、长约20～25厘米的切口，切开腹壁，将手伸入腹腔并伸至子宫下面，隔着子宫壁握住胎儿的某一部位，由下而上尽量将子宫角的大弯拉于腹壁切口之外，在子宫壁与腹壁切口之间垫上浸有消毒液的温无菌纱布。而后沿子宫角的大弯做一与腹壁切口等长的纵切口，这个切口要避开血管丰富的子叶，撕破或切开胎膜，使胎水流出，剥离子宫切口附近的胎衣，然后握住胎儿的两后腿、两前腿或头缓慢拉出。若为活胎，紧急处置胎儿，头向下挤净胎儿口鼻内胎水，拍打胸部促进呼吸，必要时使用强心剂。最后尽可能剥净胎衣，不得已时可留下胎儿子叶，候其自行排出。正常闭合子宫切口和腹壁切口。

②腹侧切开术术式 在髋结节下方与脐部间联线上做一30厘米左右长的切口，切口越向下越容易将子宫壁拉出腹壁切口之外，但其下端要与乳静脉有一定距离。手术过程基本同上。

（七）子宫内膜炎

子宫内膜炎指子宫黏膜以及深层组织的炎症的总称。鹿多发生于难产、流产等生殖器官的疾病中。

【症 状】

（1）急性子宫内膜炎 多发生于产后及流产后，表现为黏液性或黏液脓性。母鹿体温升高，食欲减少，有时出现努责及排尿姿势，从生殖道排出絮状分泌物或脓性分泌物。子宫颈外口肿胀、充血，常含有上述分泌物。直肠检查时子宫角增大、疼痛，呈面团样硬度，有时有波动。

（2）**慢性子宫内膜炎** 发情周期不正常，或屡配不孕。卧下或发情时从生殖道流出较多的混浊带有絮状物的黏液或混有脓汁的分泌物。子宫颈外口流血、肿胀，有时有溃疡，带有上述的分泌物。母鹿常常精神不振，食欲减退，并日益消瘦，体温有时升高。

【预　防】 圈舍要保持清洁、干燥，并定期消毒；难产助产时应严格消毒。加强对分娩母鹿的看管，早期发现死胎及时助产，助产后母鹿产道已被污染时，应立即冲洗并注入青霉素油2毫升。

【治　疗】 在急、慢性黏液性病例，用0.1%温的高锰酸钾溶液或1%盐水反复冲洗子宫，直至排出液澄清为止，然后排净冲洗的液体。最后向子宫内注入溶于20～30毫升生理盐水的青霉素及链霉素各160万单位。每天冲洗1次，连续2～4次，可收到良好的效果。

对于病情持久的慢性病例，可用3%～5%高渗盐水冲洗子宫，也可用3%过氧化氢溶液冲洗，经过1～1.5小时后，再用1%盐水冲洗干净，注入抗生素。

黏液脓性及脓性的病例，可用碘盐水（1%盐水1000毫升中加2%碘酊20毫升）冲洗。也可用0.05%呋喃西林或0.1%雷夫诺尔溶液冲洗。

当子宫内分泌物腐败带恶臭时，宜用0.5%来苏尔或0.1%高锰酸钾溶液冲洗，但次数不宜过多。在冲洗子宫之后，用青霉素100万单位、链霉素200万单位肌肉注射，1天2次，可连用3～5天。

五、鹿主要中毒病

（一）发霉饲料中毒

发霉饲料中毒是由于鹿采食了霉败变质而引起的黄曲霉毒素中毒。中毒症状无特异表现，按症状的严重程度不同，临床可表现为发育迟缓、腹泻、肝大、肝出血、肝硬化、肝坏死、脂肪渗透、胆道增生等。

【症　状】　病鹿精神沉郁，减食或绝食，剧烈腹泻，离群呆立，两耳后背，腹痛卧地，严重者卧地打滚，目光凝视，头颈震颤，排粥样带血液和黏液的粪便。濒死前体温降低。壮鹿比弱鹿严重，仔鹿比成鹿、公鹿比母鹿敏感。

剖检，尸僵不全，可视黏膜黄染，血液凝固不良，呈黑紫色。前胃、真胃和小肠黏膜充血和出血，肠内容物混有血液，有霉辣味。心脏外膜有纤维蛋白附着，心耳有出血点。肝脏体积增大，切面外翻，表面有散在的出血点，有的有粟粒大小的坏死灶，肝实质脆弱，中央静脉瘀血，镜检肝细胞变性坏死，小叶间质增宽，可见有上皮样细胞增生。

【预　防】　贮存饲料时防霉变。不用发霉变质饲料喂鹿。轻度发霉的饲料做无害处理。常用的去毒法有水洗去毒法、蒸煮去毒法、蔗糖液去毒法、发酵中和去毒法、石灰水去毒法、氨气去毒法等。

【治　疗】　首先立即停喂可疑饲料。由于尚无特效药治疗，只能采取对症疗法，可从消化道内排出含毒饲料，可投给盐类泻剂如硫酸钠250克，加8倍水溶解后，再加上制酵剂（鱼石脂10克）和酒精50毫升内服，亦可静脉放血250毫升，同时采用强心、补液、保肝、静脉注射维生素C注射液。

（二）亚硝酸盐中毒

亚硝酸盐中毒是由于富含硝酸盐的饲料贮存或调制不当，或反刍兽采食后在瘤胃内产生大量的亚硝酸盐，造成高铁血红蛋白症，导致组织缺氧而引起的中毒。其临床特点是发病突然，黏膜发绀，血液褐变，呼吸困难，神经紊乱，经过短急。

【症状】 鹿中毒时，常无明显的前驱症状，突然发病，全身痉挛，体温正常或降低。鹿的四肢麻痹，步态蹒跚，呼吸困难，口吐白沫或流涎，唇下垂，频频吞咽，腹胀，可视黏膜呈蓝紫色，心脏衰弱，站立不稳，很快窒息死亡。

剖检主要病理变化是血液呈酱油色，凝固不全；肺气肿；胃内充满未消化饲料和气体，放气时呈酸臭味，胃黏膜脱落，呈弥漫性充血、出血。

【预防】 富含硝酸盐的饲料贮存时防止堆放发热，加工前除去腐烂变质、发霉及混有泥土部分，若需要蒸煮，应大火迅速煮开后敞锅放凉后饲喂。接近收割的青绿饲料不应施用硝酸盐等化肥，以免增高其中的硝酸盐或亚硝酸盐的含量。

【治疗】 立即停喂可疑饲料，应用特效解毒药治疗，常用美蓝（亚甲蓝）、维生素C，辅助治疗用葡萄糖。

小剂量亚甲蓝是还原剂，采用1%亚甲蓝液（取亚甲1克，溶于10毫升纯酒精中，再加灭菌生理盐水90毫升），按每千克体重1～2毫升静脉注射，也可肌肉注射。

大剂量抗坏血酸，可作为还原剂治疗亚硝酸盐中毒，疗效也很确实，只是不如亚甲蓝奏效快。鹿用5%维生素C注射液，3～5克，静脉注射。

（三）有机磷中毒

有机磷中毒是鹿吸入或采食含有有机磷农药制剂而引起的以体内胆碱酯酶活性抑制、神经功能紊乱为特征的病理过程。

【症　状】　由于有机磷农药的毒性、摄入量、鹿的种类及机体状态不同，中毒的临床表现和发展经过多种多样，但主要表现如下基本症状：

轻度中毒以毒蕈样症状（M-胆碱能神经过度兴奋）为主，主要表现精神沉郁，略显不安，流涎，瞳孔缩小，支气管腺分泌增加，肠音增强。

中度中毒则还表现烟碱样症状（N-胆碱能神经过度兴奋），即表现为肌肉震颤，如面部、眼睑、舌肌抽搐，磨牙，痉挛，呼吸肌麻痹。

重度中毒则以中枢神经系统症状为主，表现全身战栗，先兴奋不安，后高度抑制，重者发生昏迷，大小便失禁，心跳加快，呼吸困难，发绀，瘤胃弛缓、臌气。

血液中胆碱酸酶活力一般均降到50%以下，重者则降到30%以下。

急性中毒病例，剖开胃肠可闻到胃肠内容物具有机磷农药的特殊气味，如马拉硫磷、甲基对硫磷、内吸磷等具有蒜臭味，对硫磷具有韭菜和蒜味等。胃肠黏膜充血、出血、肿胀，黏膜易剥脱。肺脏明显瘀血。肝脏和肾脏发生实质变化。

【治　疗】　有机磷农药中毒的治疗原则是，首先实施特效解毒，然后尽快除去尚未吸收的毒物。经皮肤沾染中毒的用1%肥皂水或4%碳酸氢钠溶液洗刷；经消化道中毒的，可用2%～3%碳酸氢钠或食盐水洗胃，并灌服药用炭。但须注意，敌百虫中毒不能用碱水洗胃和洗刷皮肤，因为敌百虫在碱性环境内可转变成毒性更强的敌敌畏。

实施特效解毒，根据有机磷中毒的发病机理，应用胆碱酯酶复活剂和乙酰胆碱拮抗剂进行特效解毒，可收到良好效果。胆碱酯酶复活剂有解磷毒、氯磷定、双解磷、双复磷等。解磷毒和氯磷定的用量一般为每千克体重15～30毫克，以生理盐水配成2.5%～5%溶液，缓慢静脉注射，以后每隔2～3小时注射1次，剂量减半，视症状缓解情况，可在 24～48 小时内重复注射。双解磷和双复磷的剂量为解磷毒的一半，用法相同。双复磷能通过血脑屏障，对中枢神经中毒症状的疗效更好。常用的乙酰胆碱拮抗剂是硫酸阿托品。硫酸阿托品的 1 次用量为 0.02 克，皮下或肌肉注射。中毒严重的，以其 1/3 量混于葡萄糖盐水内缓慢静脉注射，另 2/3 量做皮下或肌肉注射，经 1～2 小时后症状未见减轻的，可减量重复应用，直到出现阿托品化后，每隔 3～4 小时皮下或肌肉注射一般剂量，以巩固疗效，直至痊愈。

对症治疗可依据症状进行强心、解痉、输液、防止脑水肿等。

六、鹿主要营养代谢病

（一）白 肌 病

白肌病即仔鹿硒或维生素 E 缺乏症，是由于仔鹿日粮中硒、维生素 E 缺乏或其利用障碍、被破坏而引起的运动障碍、生长缓慢、腹泻为特征的营养代谢病。

【症　状】 病初仔鹿活动减少，继而站立困难，起立时四肢叉开，头颈向前伸直或下垂，脊背弯曲，腰部肌肉僵硬，全身肌肉紧张，步态蹒跚，出现跛行。呼吸加快，心跳每分钟达 140～150 次以上。初期体温正常，后期体温下降。多数病例粪便稀，有特殊酸臭味，食欲废绝，卧下不起，角弓反张，终因心肌麻痹及高度呼吸困难而死亡。

剖检尸僵完全，可视黏膜苍白。全身肌肉的颜色变淡，骨骼肌病变较严重的有肩胛、胸、颈、臀、膈、舌及四肢等部位，特点是左右对称出现，多数的肌肉如鱼肉色，有的肌肉间质疏松，结缔组织中有大量黄色胶样浸润。肝脏肿大，颜色较淡，大面积发生脂肪变性，呈黄、红、灰相间的花纹状，质脆触之易破裂。心肌变性、坏死，出现黄白色或灰黄色与红色相间的条纹状炎性病变，心包积液，心内膜炎。

【治 疗】 对病仔鹿肌肉注射 0.1% 亚硒酸钠 4 毫升，间隔 3 天注射第二次，一般可治愈。预防常在出生后 1～3 天肌肉注射 4 毫升，第 12 天再肌肉注射 4 毫升，效果很好。

（二）佝偻症

佝偻病是在仔鹿生长发育期中，由于钙磷缺乏、比例失调或代谢障碍引起以运动障碍、骨骼变形为特征的营养代谢病。仔鹿快速生长期更易发生本病。

【症 状】 发病仔鹿生长缓慢，食欲降低，消化不良，喜欢卧地，严重病例几乎绝食，经常爬卧，起立笨拙，行走艰难，关节粗大，长骨变形，牙齿松动，咀嚼困难，易发生骨折，面骨肿大，脊柱侧弯，严重者四肢变形，不能负重，肌肉震颤，卧地不起。

【预 防】 本病主要是依靠科学的饲养方法来预防，加强饲料营养和饲养管理，注意药物预防。妊娠期、哺乳期母鹿饲料，要保证钙和磷的需要量；饲喂干草应经过充分日晒，保证维生素 D 的转化，促进机体对钙的吸收；仔鹿加强补饲胡萝卜、豆浆及矿物质、维生素比较丰富又易被消化的饲料；增加光照时间，增强自身合成维生素 D 的能力，减少佝偻病的发病只数和减轻病情。

【治 疗】 本病治疗重点是补充钙、磷和维生素 D。精料中添加钙剂，如骨粉每日每头 10～30 克，磷酸氢钙按体重的 0.4% 量补充；亦可静脉注射 10% 葡萄糖酸钙 50～100 毫升；肌肉注射维丁胶性钙注射液 10 毫升；肌肉注射维生素 D，内服鱼肝油，补充维生素 D。

对症治疗可用镇痛药，缓解四肢疼痛，增强自身起立、运动、采食能力；调整胃肠功能，增强从饲料中摄取钙、磷和维生素 D 能力。

（三）铜缺乏症

铜缺乏症是因日粮中微量元素铜缺乏或利用障碍而引起的营养代谢病，以 2～4 岁青年鹿多发，临床特征是运动障碍、渐进性瘫痪，被毛褪色及贫血。

【症 状】 本病发展缓慢，一般难以弄清确切的发病时间。病鹿初期表现多卧少立，随群奔跑时常落后；病鹿后期后躯摇晃，运动失调，两后肢步伐紊乱而失去控制，特称晃腰病。但是后躯发育无眼观异常。运动障碍的病理组织学基础在于细胞色素氧化酶等含铜酶活性降低，磷脂合成减少，神经髓鞘脱失。

病鹿全身被毛无光泽、粗乱、稀疏、颜色变淡，尤其是眼睛周围形成明显的白眼圈，故有"铜眼镜"之称，颈侧及胸腹下被毛变成灰白色。其病理学基础是黑色素生成所需要的铜酶酪氨酸酶缺乏。

铜尤其是铜蓝蛋白是造血所需的重要辅助因子，其主要功能在于促进铁的吸收、运转和利用。长期缺铜，可引起红细胞低色素性贫血。

此外，铜缺乏常常引起母兽发情异常，不孕、流产。公兽配种能力下降，甚至丧失配种能力。在没有其他并发症的情况下，体温、饮食欲、呼吸及二便没有异常改变。

剖检，主要病理变化是脊髓非炎性病变。大脑眼观可见白质液化灶，灶内充满灰色胶样易凝固的液体或形成空洞，多为双侧性的。神经系统血管发生胶原明显增生，血管壁增厚，管腔变窄，弹性纤维变性、断裂等病变。肝、脾、肾等还可能有含铁血黄色素的广泛沉积，肝细胞异常肿大，细胞质内线粒体膨胀，以及皮下结缔组织的弹性纤维和大动脉中膜弹性纤维均明显变性、凝集及断裂。

【预 防】 每年饲喂 1 次"狗脊散"可预防本病发生。为了治疗和预防马鹿放牧季节缺铜，可使用依地酸铜钙和蛋氨酸铜等，以及其他一些铜制剂。

【治　疗】　补铜是根本措施，除非神经系统和心肌已发生严重损害，一般都能完全康复。将硫酸铜按1%的比例加入食盐内，混入配合料中饲喂，成鹿2～3克；或皮下注射甘氨酸铜液200毫克。亦可使用中药"狗脊散"治疗，效果甚佳。

（四）维生素 A 缺乏症

维生素 A 缺乏症是由于鹿日粮中维生素 A 或维生素 A 原补充不足，或被饲料其他成分破坏而导致的以运动障碍、夜盲、干眼以及成年鹿不孕、流产的营养代谢病。在快速生长的仔鹿较易发生，营养不足或患有疾病的成年公、母鹿也有发生。

【症　状】　病鹿食欲减退，精神倦怠。由于角膜增厚混浊，角化，出现干眼，畏光流泪，视力减退。维生素 A 不能转变成视黄醛，与视蛋白构成视紫红质，病鹿暗视觉障碍，出现夜盲。骨骼发育不良，视神经受压迫，视力减弱，重者失明。

成年鹿上皮发育受损，精卵生长不良，母鹿不孕或流产；公鹿不育。

仔鹿生长发育迟缓，体质衰弱，精神呆滞，抗病力弱，生长发育停止，增重缓慢，重者运动障碍。

【预　防】　保证新生仔鹿吃足量的初乳；保证妊娠期、哺乳期的母鹿吃到足量的富含维生素 A 原的青绿饲料、胡萝卜、青干草；仔鹿舍要宽敞，运动方便，阳光充足；补给钙磷，预防胃肠、肝脏、寄生虫等疾病。

【治　疗】　本病治疗重点是改善饲养管理，加强营养。保证喂给切碎的胡萝卜或鱼肝油，或人工乳（配方：牛奶1 000毫升，鸡蛋3～5个，乳白鱼肝油30毫升，氯化钠3.0克，水300毫升）。药物治疗可肌肉注射浓缩维生素 A 3万～5万国际单位，同时口服鱼肝油，每日3～10毫升。对症治疗主要是眼睛治疗，角膜炎症，可用 1% 硼酸水洗眼睛，再涂以青霉素软膏。

（五）食毛症与毛球症

鹿食毛症是指由于矿物质、微量元素等营养缺乏或因应激等因素而引起的鹿只咬毛、食毛并继发胃弛缓、肠阻塞的疾病。本病在密集圈养的母鹿、仔鹿多发。

【症　状】病鹿多出现于冬末春初，患鹿出现异嗜，舐墙和粪尿，舐其他鹿常被粪尿污染的后腿、腹部，病情严重的鹿开始啃咬其他鹿的被毛。鹿吞咽的被毛与饲料结成毛团，积存于前胃、真胃，造成消化系统功能紊乱，相继出现前胃蠕动减弱，食欲减退或废绝，反刍缓慢甚至停止，嗳气增多、气味酸臭，触诊瘤胃有坚实感。当毛球完全阻塞肠道，病鹿病情加重，表现进行性消瘦、倦怠、喜卧、无力，被毛无光，结膜苍白，最后衰竭死亡。

剖检，尸体营养不良，贫血，胃肠道中有数个麻雀蛋至鹅蛋大的圆形或椭圆形的毛球，存在于真胃或肠管中。大的毛球可阻塞肠道，在被毛球阻塞部位后，肠管外观变细，色泽变成莹白色，触之有坚实感，肠腔狭窄，黏膜增厚。毛团如马粪球的样子，外表呈赤褐色，内部淡黄色。实质器官无明显变化。

【治　疗】加强饲养管理，合理调配日粮，采用全价配合饲料，保证各种矿物质、微量元素、维生素以及氨基酸等营养的充足；酸性饲料不可饲喂过多；应定时驱赶舍饲鹿在运动场上活动，增加运动量；发病鹿可考虑单独饲养，可考虑手术治疗。

药物治疗，每天每头喂食盐 30 克、碳酸钙 20 克、氯化钴 20 毫克、硫酸钾 5 毫克、硫酸铁 1 500 毫克、硫酸铜 100 毫克、氯化锰 10 毫克，混均于精饲料中投喂 4～6 周为 1 个疗程，停药 3 周左右后，酌情可再用 1 个疗程。

七、鹿主要寄生虫病

（一）肝片吸虫病

肝片吸虫病又称肝蛭病，是由片形科片形属的肝片形吸虫和大片形吸虫寄生在鹿肝脏胆管中所引起。本病以急性或慢性肝炎、胆管炎，并伴有全身中毒与营养障碍为主要临床特征。急性病例比较少见。

【症　状】本病重要的病理变化为贫血、腹水、胸水、脂肪变性。胆管发生慢性炎症与肥厚，胆管内充满黏稠的胆汁和虫体。外观肝表面凸凹不平。

寄生数量少时，一般无明显症状。寄生数量较多时，则表现为精神不振、贫血、消瘦、被毛粗乱、眼睑、下颌、胸下、腹下水肿，反刍缓慢，初期拉稀与便秘交替，后期则粪稀如水，呈黑褐色。肝脏肿大，触诊有疼感，有时有黄疸，严重时因极度瘦弱而死亡。

【治　疗】治疗肝片吸虫病可根据情况选用下述药物：阿苯达唑对成虫有效，对童虫作用差，可按每千克体重10～20毫克给药；肝蛭净对1～10周龄童虫、成虫有极好的驱杀作用，按每千克体重10～12毫克一次口服。碘醚柳胺对发育中的童虫和成虫均有很强杀灭效果，按每千克体重7.5～10毫克一次给服。硝氯酚对成虫效果好，按每千克体重3～5毫克给药。

（二）绦　虫　病

鹿绦虫病是由裸头科莫尼茨属各种绦虫寄生于鹿的小肠内所引起，其中以莫尼茨屑绦虫较为常见。主要流行于7至8月份，1.5岁的鹿感染率可达27%～37.5%。

【症　状】轻度感染的鹿，临床上不显症状。重度感染时，可发现消化障碍、腹痛、腹围膨大，便秘或腹泻等症状。

【治　疗】可用 1% 硫酸铜按每千克体重 2 毫升内服有效。氯硝柳胺成年鹿每千克体重按 3～5 毫克一次内服。硫氯酚按每千克体重 100 毫克一次内服。

（三）肺丝虫病

肺丝虫病是由网尾科网尾属的线虫寄生于鹿的气管和支气管内所引起。全国约有 28% 的鹿场有此病流行。

【症　状】轻度寄生时，无明显症状。重度感染时，患鹿进行性消瘦，换毛迟延，常有咳嗽，尤其在驱赶或休息时咳嗽加剧，如继发感染肺炎时，体温升高，病情加重，常出现死亡。

【治　疗】可用阿苯达唑按每千克体重 5～10 毫克内服。伊维菌素按每千克体重 0.2 毫克，皮下注射。枸橼酸乙胺嗪按每千克体重 20 毫克，每天 1 次，连用 1 周。

（四）伊氏锥虫病

伊氏锥虫病又称苏拉病，是由吸血昆虫传播的一种血液原虫病。伊氏锥虫寄生于鹿等动物的血浆中。

【症　状】主要表现为体温升高，鼻镜干燥，结膜上有出血点，贫血，腹泻，四肢及胸前等处发生水肿。个别急性病例，体温突然升高到 40℃ 以上，口吐白沫，多在数小时内死亡。部分鹿出现神经症状，颈部僵硬，四肢麻痹等。

【治　疗】对该病的治疗要早、药量要足、观察时间要长。拜耳 205 按每只鹿 2～3 克剂量配成 10% 溶液，静脉注射，1 周后再注射 1 次；安锥赛按每千克体重 5 毫克配成 10% 溶液，皮下或肌肉注射。

（五）硬　蜱

又称扁虱、草爬子、狗豆子，属于蜱螨目硬蜱科，是鹿的一种主要外寄生虫。

【症　状】寄生于鹿体上的硬蜱昼夜均能吸血，可引起局部皮炎、水肿、出血等，重度感染时可见鹿消瘦、贫血、生产力下降。另外，蜱还可传播许多传染病和寄生虫病。

【治　疗】蜱的防治可包括消灭鹿体上和自然界中的蜱，以及轮牧等措施。可用伊维菌素按每千克体重 0.2 毫克皮下注射，具有较好的效果。

八、仔鹿主要疾病

（一）仔鹿孱弱

新生仔鹿孱弱是指仔鹿衰弱无力，生活力低下，先天发育不良。

【症　状】仔鹿出生时体质衰弱无力，肌肉松弛，卧地不起，心跳快而弱，呼吸浅表，对外界刺激反应迟钝，体温有的变化不大，但多数体温低下，耳、鼻、唇及四肢末梢冷感，吮乳反射很弱，即使有的仔鹿有食欲，但没有足够的能力追赶母鹿吃奶，因而逐渐衰竭而危及生命。

【治　疗】注意保温和人工哺乳，补给维生素及钙盐，采用强心、补液等对症治疗。如保温得当、人工哺乳得法，成活数量较高。

（二）仔鹿舔伤

仔鹿舔伤是指母鹿产仔期发生舔舐仔鹿肛门癖的现象，使仔鹿肛门严重损伤，甚至引起死亡。母鹿分娩后出于爱抚仔鹿的本能，在哺乳时经常舔舐仔鹿的肛门，以促其排出胎粪，这是母鹿的一种正常生理现象。但有的母鹿舔舐过度，引起仔鹿肛门不同程度的损伤，严重者将仔鹿直肠咬断，尾巴咬掉而造成死亡。原因尚不清楚。

【症　状】　仔鹿肛门周围红肿疼痛，排粪困难，常见于硬粪块堵塞肛门。弓腰努责，屡做排粪动作，而排不出粪便。哺乳时后肢开张站立不动、尾巴抬起任母鹿舔舐。重患仔鹿直肠外翻或直肠后端周围组织缺损、感染，呈污灰黄色。有的尾根及肛门周围出血。

【预　防】　首先，加强母鹿的饲养，保证饲料全价。加强母鹿产仔期间看护，及时发现舔仔癖的母鹿，将母仔隔离，定时看管哺乳。其次，母鹿产前1周减料降膘防舔效果较好，但饲草量不限，保证饮水。

【治　疗】　到目前尚无特别有效的方法，发现舔伤的仔鹿，应立即将其从母鹿圈内隔离出来，定时看管哺乳。患部洗净消毒后，涂布消炎软膏或碘甘油，肌肉注射青霉素40万单位、链霉素50万单位，每天1～2次。肛门括约肌受伤失调，粪便堵塞在直肠内时，应定期通便掏出蓄积的粪块。

（三）初生仔鹿窒息

母鹿分娩时发生难产，由于助产时间过长，羊水流尽，以及倒生时脐带受骨盆口的压迫等都能引起胎儿窒息。

【症　状】　初生仔鹿黏膜青紫，舌垂于口外，口鼻内充满黏液，脉搏快而弱，呼吸停止，呈假死的状态。

【治　疗】　首先排出仔鹿口腔及呼吸道内的黏液、羊水，使呼吸畅通。可提起仔鹿后腿使其倒空，轻轻拍打胸廓，甩动头部，让黏液自然流出。迅速用纱布块除去口鼻内黏液，也可以用胶管吹气或补氧进行抢救。然后活动仔鹿前肢、拍打胸部做人工呼吸，还要注射强心剂，使用氨水涂擦胸部等措施。

（四）仔鹿肺炎

仔鹿肺炎是仔鹿因受寒感冒后引起的一种小叶性肺炎，主要发生于哺乳期小鹿。

【症　状】 病鹿精神沉郁，喜卧，鼻镜干燥，哺乳次数减少，体温上升到 40～41℃左右，多呈弛张热型。两侧鼻孔流出浆液性鼻漏，出现咳嗽、呼吸困难。肺部听诊时，在病的初期及中期能听到湿性啰音，后期则听到干性啰音，后期多因继发感染或全身衰竭而死。

【预　防】 及时清除圈舍中的粪尿，产房、仔鹿保护栏的垫草要经常起换晾晒，保持温暖、清洁、干燥。

【治　疗】 病鹿隔离饲养，加强管理。保证舍内日光充足、温暖、通风，避免各种应激反应。每天 2 次肌肉或静脉注射抗生素，一直用到体温降到正常和临床症状消失后 2～3 天为止。每天 1 次静脉注射 5% 葡萄糖生理溶液 200～400 毫升。在心脏功能减弱，循环明显障碍，致黏膜出现发绀时，宜肌肉注射苯甲酸钠咖啡碱、樟脑油和尼可刹米。为加快渗出物的吸收，可内服碘化钾或碘酊，必要时可考虑输氧治疗。除使用抗生素之外，也可用 10% 碘胺嘧啶钠 10～20 毫升肌肉注射，每天 1～2 次，连用5～7 天，直到体温正常和症状消失为止。

（五）仔鹿溶血症

新生仔鹿溶血症是新生仔鹿红细胞抗原与产仔母鹿血清抗体不匹配而引起同种免疫溶血反应，主要特征是贫血，有的出现黄疸症状，血液检查为血红蛋白过多的巨红细胞性贫血。纯种鹿发生概率较低，近几年由于杂交鹿增多而使该病的发病率有所上升，损失很大，应得到足够重视。

【症　状】 新生仔鹿初生时一切正常，一般吃过初乳后随时间延长病情逐渐加重，初乳吃的次数越多病情越明显。大多数仔鹿在 24 小时内发病，表现为精神沉郁，食欲不振或消失，卧地不起，四肢无力，瘫软，结膜苍白，少尿（淡黄色尿液—血红蛋白尿）。针刺静脉血，不凝固，血流加快，颜色变淡，黏稠度低。体温逐渐下降,心跳快,脉搏细数无力,呼吸粗厉,逐渐衰竭死亡。

【治　疗】　发现病鹿及时抱出进行人工哺乳或选择其他母鹿代养,以免病情加重,造成仔鹿死亡。地塞米松 2 毫克 + 青霉素 20 万单位肌肉注射 +10% 葡萄糖 30 毫升静脉点滴 + 复方氯化钠注射液 30～50 毫升静脉点滴。口服鱼肝油乳 2 毫升 +21 金维他 1/10 片 + 高钙片 1/10 片。一次性肌肉注射生血素 1 毫升。

（六）仔鹿球虫病

仔鹿球虫病是由艾美耳球虫引起的仔鹿疾病,一般出生 10 天以后发生,成年鹿或同群仔鹿为携带者,成年鹿不呈现症状。仔鹿表现为下痢,消瘦,贫血,便中带血,被毛粗乱,发育不良,高度贫血后衰竭死亡。

【症　状】　仔鹿下痢、萎靡不振、贫血消瘦、食欲减退或消失,初期体温升高,后期体温下降,粪便呈糊样、下痢、水样、血样变化、有的血便,被毛粗乱,蜷腹,消瘦,衰竭死亡。

【预　防】　经常消毒,做好圈舍卫生、保持干燥,仔鹿舍内垫草要清洁。人工哺乳时防止相互舔舐感染,运动面积充足,光照好。可以对仔鹿进行预防性投药。

【治　疗】　敌菌净片 50～100 毫克 / 千克体重,口服,首次加倍,间隔 12 小时 1 次,效果非常好。磺胺六甲氯嘧啶 50 毫克 / 千克体重,口服,每天 2 次。

参考文献

［1］韩坤，梁凤锡，王树志. 中国养鹿学［M］. 吉林：吉林科学技术出版社，1993.

［2］赵世臻，沈广. 中国养鹿大成［M］. 北京：中国农业出版社，1998.

［3］高秀华、杨福合. 鹿的饲料与营养［M］. 北京：中国农业出版社，2004.

［4］程世鹏，单慧. 特种经济动物常用数据手册［M］. 辽宁：辽宁科学技术出版社，2000.

［5］赵世臻. 鹿科技资料汇编［M］. 吉林：吉林省农业厅农垦总局，1989.

［6］王凯英，杨学宏，等. 高效养鹿［M］. 北京：机械工业出版社，2019.

［7］马丽娟，金顺丹，韦旭斌，等. 鹿生产与疾病［M］. 吉林：吉林科学技术出版社，1998.

［8］韩继福，马振凯. 育成期雄性幼貉日粮适宜蛋白质和能量水平的研究［J］. 兽医大学学报，1990，10（3）：289-293.

［9］宋胜利. 中国养鹿业发展诸多问题刍议［J］. 特种经济动物，2001，8.

［10］关洪斌. 养鹿的经济效益及未来发展方向［J］. 黑龙江畜牧兽医，2002，1.

［11］李光玉. 我国茸鹿养殖前景及存在的问题［J］. 当代畜牧，2002，7.

［12］王全凯.入世后中国养鹿业可持续发展的思路［J］.经济动物学报，2002，6（2）：1-5.

［13］郑兴涛，葛明玉，王柏林.浅淡我国养鹿业可持续发展的对策［J］.经济动物学报，2002，6（4）：46-48.

［14］王全凯，张辉，孙振天.新西兰养鹿业考察报告［J］.特种经济动物，2001（1）：10-11.

［15］陈立志，王凯英.加入 WTO 后中国养鹿业受到的冲击和发展对策［J］.特产研究，2002，3：60-62.

［16］李和平.国际养鹿现状［J］.特种经济动植物，2010（10）：10-12.

［17］徐滋.世界和中国养鹿业发展历程启示录（一）［J］.特种经济动植物，2006，8：9.

［18］李和平.从对我国养鹿业现状的分析谈未来产业发展之策略与规划［C］.2011 年中国鹿业进展，2011，9：38-43.

［19］李和平，等.我国养鹿产业现状的调查与分析［J］.特种经济动植物，2011（11）：4-7.

［20］张秀莲.鹿产品加工的发展趋势［J］.2010 中国鹿业进展，2010-08-28.

［21］李和平，等.养鹿业发展遭遇瓶颈［C］.北方牧业，2011-12-20.

［22］都惠中，等.茸鹿性别控制研究进展［J］.黑龙江动物繁殖，2008，16（1）：22-23.

［23］钟立成，等.养鹿场良好管理规范.中华人民共和国林业行业标准［S］.LY/T 2017-2012.

［24］赵伟刚，等.梅花鹿精液采集及冷冻操作技术规程.吉林省地方标准［S］.DB/T 2599-2016.

［25］赵伟刚，等.梅花鹿冷冻精液人工授精技术规程.吉林省地方标准［S］.DB/T 2738-2017.

［26］李光玉，杨福合，王凯英，等.梅花鹿季节性营养规

律研究［J］．经济动物学报，2007，11（1）：1-6.

［27］魏海军，常忠娟，赵伟刚，等．家养梅花鹿腹腔镜输精技术研究［J］．经济动物学报，2012，24（11）：2257-2262.

［28］赵伟刚，张宇．鹿茸功效及服用方法［J］．特种经济动植物，2004（4）：7.

［29］赵列平，韩欢胜，王全凯，等．茸鹿经济杂交后代生长发育研究［J］．黑龙江畜牧兽医．2013，11：162-163，166.

附　录

鹿场常用生产统计表

附表 1　公鹿个体档案登记表

种别		鹿场名称		许可证编号			建档时间	年 月 日	登记人		档案编号	
个体编号		父本编号		出生时间	年 月 日	调入时间	年 月 日	初生重		千克	同产仔号	
		母本编号						成体重		千克		

年度	鹿茸产次	脱盘日期	收茸日期	生长天数	收茸种类	重量（千克）		折重率（%）	长度（厘米）	围度（厘米）	鹿茸等级	再生茸（千克）		
						鲜重	干重					日期	鲜重	干重
	初角													
	一锯													
	二锯													
	三锯													
	四锯													
	五锯													
	六锯													
	七锯													
	八锯													
	九锯													
	十锯													
	十一锯													
	十二锯													

体质外貌（被毛颜色、体型、营养状况、健康状况）：

附表 2　母鹿个体档案登记表

种别		鹿场名称		许可证编号			建档时间	年 月 日	登记人		档案编号	
个体编号		父本编号		出生时间	年 月 日	调入时间	年 月 日	初生重		千克	同产仔号	
		母本编号						成体重		千克		

年度	配种				分娩时间			妊娠天数（天）	分娩情况	仔鹿			备注
	日期		与配公鹿		年度	日期				性别	编号	初生重（千克）	
	月	日	编号	锯别		月	日						

体质外貌（被毛颜色、体型、营养状况、健康状况）：

附表 3　公鹿锯茸记录

种别		鹿场名称		许可证编号		生产年度			责任人		记录编号	

个体编号	舍别	鹿茸产次	脱盘日期	初生茸（千克）					再生茸（千克）					茸重合计	锯茸员	备注
				收茸日期	生长天数	收茸种类	鹿茸鲜重	鹿茸等级	收茸日期	生长天数	收茸种类	鹿茸鲜重	鹿茸等级			

注 1：种别：按马鹿、梅花鹿等记录。
注 2：许可证编号：野生动物驯养繁殖许可证编号。
注 3：个体编号：鹿唯一的标识编码，应与个体档案、个体耳标编号一致。
注 4：舍别：鹿个体所在鹿舍名称或编号。
注 5：鹿茸产次：初角、头锯、二锯、三锯……依侧次类推记录。
注 6：收茸种类：梅花鹿茸按初角茸、二杠茸、三权茸记录，马鹿茸按莲花茸、三权茸、四权茸记录，再生茸只按二茬茸记录。
注 7：鹿茸等级：按一等茸、二等茸、三等茸和等外茸记录。

附表 4　母鹿配种产仔记录

种别		鹿场名称		许可证编号		生产年度			责任人			记录编号	

母鹿个体编号	舍别	公鹿个体编号	放对日期	配种日期	交配时间	交配次数	配种看护人	产仔时间	分娩情况	妊娠天数	仔鹿			分娩看护人	备注
											仔鹿性别	出生重（千克）	仔鹿编号		

注 1：放对日期：公鹿拨入母鹿鹿舍的日期。
注 2：配种日期：公鹿与母鹿交配的日期。
注 3：交配时间：公鹿与母鹿交配的时间长度。
注 4：交配次数：公鹿与母鹿交配的次数。

附表 5　饲喂记录

鹿场名称		许可证编号		负责人		技术员		驻场兽医		记录编号	

饲养鹿舍	饲养品种	性别	饲养头数	平均鹿龄	饲喂时间	剩料清除时间	精饲料（千克）			粗饲料（千克）			采食总量（千克）	饲养员
							投入量	剩余量	采食量	投入量	剩余量	采食量		

技术员意见：

　　　　　　　　　　　　　　　　　　　　　　　　　　　　　年　　月　　日

驻场兽医意见：

　　　　　　　　　　　　　　　　　　　　　　　　　　　　　年　　月　　日

附表 6　鹿群周转月报表

（＿＿＿＿年＿＿月）

鹿场名称		许可证编号		负责人		技术员		驻场兽医		记录编号	

饲养鹿舍	饲养品种	性别	群别	期初存栏数	期末存栏数	增加原因				减少原因							
						出生		购入		调出		淘汰		砍头		死亡	
						日期	数量	日期	数量	日期	数量	日期	数量	日期	数量	日期	数量

技术员意见：　　　　　　　　　　　　　驻场兽医意见：

　　　　　　　　　　年　　月　　日　　　　　　　　　　　　　　年　　月　　日

注1：群别：按成年公鹿、成年母鹿、育成公鹿、育成母鹿、仔公鹿、仔母鹿记录。
注2：期初存栏数：月初鹿舍存栏数。
注3：期末存栏数：月末鹿舍存栏数。

附表7 饲料添加剂和兽药使用记录

鹿场名称			许可证编号			负责人		技术员		驻场兽医			记录编号		
饲养鹿舍	饲养品种	性别	年龄	投入品			给药途径	开始时间	个体用药		群体用药		停止时间	备注	
				名称	生产批号	生产厂家			个体编号	用量	群体数量	用量			

驻场兽医意见：

年 月 日

附表8 鹿场免疫接种记录

鹿场名称			许可证编号			负责人		技术员		驻场兽医			记录编号		
个体编号	饲养品种	性别	年龄	舍别	接种时间	接种疫苗				接种类型	接种方法	接种剂量	接种人员	备注	
						名称	生产厂家	批号	有效期						

技术员意见：

驻场兽医意见：

年 月 日

年 月 日

注1：接种类型：填写预防接种、紧急接种、临时接种。
注2：接种方法：皮下接种、肌肉接种、皮内注射接种、静脉注射及其他接种。

附表9　鹿场检疫记录

鹿场名称		许可证编号		负责人		技术员		驻场兽医		记录编号		
检疫项目			检疫部门			样品数		检出数		检出率		

个体编号	饲养品种	性别	年龄	舍别	接种时间	接种疫苗				接种类型	接种方法	接种剂量	接种人员	备注
						名称	生产厂家	批号	有效期					

技术员意见：

　　　　　　　　　　年　月　日

驻场兽医意见：

　　　　　　　　　　年　月　日

注1：接种类型：填写预防接种、紧急接种、临时接种。
注2：接种方法：皮下接种、肌肉接种、皮内注射接种、静脉注射及其他接种。
注3：检疫部门：按检疫结果报告单填写。
注4：检疫结果：按检疫结果报告单填写。

附表10　母鹿人工授精配种记录表

母鹿号			年龄			品种		
药物注射	时间			名称		剂量		
发情鉴定	试情鹿		时间		表现症状			责任人
人工输精	输精时间	公鹿耳号	精液类别	精液编号	输精量	精子活力	输精方法	责任人
产仔记录	预产期	产仔时间	怀孕期	性别	品种	耳号	初生重	记录员
备注								

附表 11 _____年度饲养日志

鹿场名称			许可证编号		日志编号	
记录日期		星期		天气	负责人	
技术员		值日		值宿	驻场兽医	
记事	上午					
	下午					
	夜间					

技术员意见：

年　月　日

驻场兽医意见：

年　月　日

附表 12 鹿病诊疗记录

鹿场名称			许可证编号		记录编号	
个体编号		种别		性别	舍别	
年龄		发病日期		诊疗结果	病情报告人	

症状：

驻场兽医：
年　月　日

诊断：

驻场兽医：
年　月　日

治疗与处置：

驻场兽医：
年　月　日

注1：诊疗结果：填写治愈、死亡和日期。
注2：病情报告人：最早发现病鹿并报告兽医和负责人的饲养员或其他人员。

附表13 病死鹿无害化处理记录

鹿场名称				许可证编号			记录编号		
个体编号	种别	性别	年龄	舍别	死亡日期	死亡原因	处理方法	责任人	备注

驻场兽医意见：

驻场兽医：
年　月　日

注1：死亡原因：染病死亡、正常死亡、其他原因死亡或死因不明。
注2：处理方法：按GB16548规定的无害化处理方法填写。

附表14 鹿场消毒记录

鹿场名称		许可证编号		记录编号	
消毒日期	消毒场所	消毒方法	消毒剂名称	用药剂量	操作员

技术员意见：　　　　　　　　　　　　驻场兽医意见：

技术员：　　　　　　　　　　　　　　驻场兽医：
年　月　日　　　　　　　　　　　　　　年　月　日

注1：消毒方法：填写火焰消毒、熏蒸消毒、浸泡消毒、蒸煮消毒、喷洒消毒及其他消毒方法。
注2：消毒剂名称：填写烧碱（氢氧化钠）、生石灰、草木灰、漂白粉、来苏尔、克辽林、石碳酸、福尔马林（甲醛溶液）及其他消毒剂名称。